基礎 線形代数

森元勘治　松本茂樹
共著

学術図書出版社

まえがき

本書は，大学の理工学系ならびに情報科学系における，線形代数学の入門書である．線形代数学は，数学そのものはもとより，理工学や情報科学のあらゆる分野において，現象を数学を用いて記述する場合，なくてはならない理論である．したがって，多くの大学で 1 年次の必修科目となっている．しかしその一方で，高等学校までの学習内容の変遷や入学試験制度の多様化により，様々な学力の学生が入学しており，基礎学力にバラつきが見られることも少なくない．

そこで本書は，序章において 2 次行列の基礎的な計算方法の解説を行っており，無理なく行列の計算方法を身につけられるような工夫がなされている．また，以前の高等学校では指導されていた空間内の直線や平面の方程式に関する事柄が，最近の学習指導要領から削除されており，3 次元空間内の 1 次元または 2 次元部分空間を視覚的にとらえることが不得手である．そこで，第 4 章 (後期における序章という位置づけ) において，空間内の直線と平面の方程式の解説を行った．

本書は，序章から第 8 章までの 26 節と第 9 章の 2 節を合わせて，全体で 28 節から構成されている．前期は序章から第 3 章まで，後期は第 4 章から第 8 章までを標準としており，第 9 章は発展である．授業時間に余裕があるときは，前期の最後に 9.1 節を，後期の最後に 9.2 節を入れることにより，発展的な講義を行うことが可能であろう．

昨今多くの大学で，多数の非常勤講師を抱えており，しかも，シラバスや GPA の導入で，担当教員の間で統一した講義構成が要求されている．そのような要求に応えるためには，大学 1 年次の講義として適切な量の教科書を準備し，その教科書に沿って講義することが必要であろう．そうすることにより，教員間の力量や経験によるばらつきをある程度緩和することができると考えられる.

本書の内容は，行列および行列式の計算，連立 1 次方程式の解法，逆行列，ベクトル空間と線形写像，固有値と固有ベクトル，内積と行列の対角化，応用として 2 次曲線の分類などである．いたずらに難解な議論は省略し，基本的な論理の解説と，具体的な状況の理解や計算力の習得に重点を置いた．そのため，証明を省略した所もいくつかある．演習問題は各節の末尾に準備した．いずれも基本的な概念の理解や計算力を養うものであり，演習を通して，理解を確かなものにしてほしい．また，本文の途中で講義理解のために問いを置いたところもいくつかある．いずれも簡単な問いなので，確認してほしい.

本書を学習することにより，学生諸君が線形代数学および数学の基本的な考え方を身につけ，自信を持って専門分野へ進んでくれることを期待する.

最後に，本書の出版に際して様々な助言を頂きお世話になった，(株) 学術図書出版社の発田孝夫氏に，深く感謝の意を表したい.

2010 年 9 月

著者

目　　次

序章　2次行列

0.1　2次行列の計算と逆行列

2次行列　実数や複素数を長方形に並べ括弧でくくったものを**行列**といい，大文字のアルファベットで表す．特に，4個の数を正方形に並べたものを 2×2 行列または**2次行列**という．

$$A = \begin{bmatrix} 2 & 3 \\ -4 & 5 \end{bmatrix}, \quad B = \begin{bmatrix} \pi & 3i \\ \sqrt{2} & \dfrac{1}{5} \end{bmatrix}, \quad \cdots \quad \text{など.}$$

行と列　行列の横の並びを**行**といい，上から順に第1行，第2行，$\cdots$ という．縦の並びを**列**といい，左から順に第1列，第2列，$\cdots$ という．

$$\begin{bmatrix} \boxed{\text{第 1 行}} \\ \boxed{\text{第 2 行}} \\ \cdots \end{bmatrix}, \quad \begin{bmatrix} \boxed{\begin{matrix}\text{第}\\ 1 \\ \text{列}\end{matrix}} & \boxed{\begin{matrix}\text{第}\\ 2 \\ \text{列}\end{matrix}} & \cdots \end{bmatrix}$$

行列の成分　行列を構成する数や文字を**成分**といい，第 i 行第 j 列の位置にある成分を (i, j) 成分という．したがって，2次行列は $(1, 1)$ 成分，$(1, 2)$ 成分，$(2, 1)$ 成分，$(2, 2)$ 成分という4つの成分から構成される．

$$\begin{bmatrix} (1,1)\text{ 成分} & (1,2)\text{ 成分} \\ (2,1)\text{ 成分} & (2,2)\text{ 成分} \end{bmatrix}$$

行列の相等　2つの2次行列 A, B は，同じ位置にある成分がすべて等しいとき**等しい**といい，$A = B$ と書く．

行列の加法とスカラー倍　2つの2次行列 A, B に対して，同じ位置にある成分同しを加えてできる行列を，A と B の**和**といい，$A+B$ と書く．また，引いてできる行列を**差**といい，$A-B$ と書く．定数 c に対して，A の成分をすべて c 倍してできる行列を cA と書き，A の**スカラー倍 (定数倍)** という．特に $c=-1$ のとき，$(-1)A=-A$ と書く．

例 1　$A=\begin{bmatrix} 2 & 1 \\ -1 & 5 \end{bmatrix}$，$B=\begin{bmatrix} 1 & 0 \\ -1 & 2 \end{bmatrix}$ とする．

このとき，A と B は異なる行列である．また，

$$A+B=\begin{bmatrix} 3 & 1 \\ -2 & 7 \end{bmatrix},\ A-B=\begin{bmatrix} 1 & 1 \\ 0 & 3 \end{bmatrix},\ 3A=\begin{bmatrix} 6 & 3 \\ -3 & 15 \end{bmatrix}$$ ▮

問 1　例 1 における A, B に対して，次の行列を求めよ．
(1) $5A-2B$　(2) $-4A+3B$　(3) $3A+2X=B$ をみたす行列 X
(4) $2B-3Y=A$ をみたす行列 Y

行列の乗法　2 つの 2 次行列 A, B に対して，A の各行の成分と B の各列の成分を掛けて足し合わせた数を成分とする行列を A と B の**積**といい，AB と書く．すなわち，

$$A=\begin{bmatrix} a & b \\ c & d \end{bmatrix},\ B=\begin{bmatrix} x & y \\ z & w \end{bmatrix}\text{ のとき，}$$

$$AB=\begin{bmatrix} a & b \\ c & d \end{bmatrix}\begin{bmatrix} x & y \\ z & w \end{bmatrix}=\begin{bmatrix} ax+bz & ay+bw \\ cx+dz & cy+dw \end{bmatrix}\text{ と定める．}$$

例 2　例 1 における行列 A, B に対して，積 AB と BA は次のようになる．

$$AB=\begin{bmatrix} 1 & 2 \\ -6 & 10 \end{bmatrix},\quad BA=\begin{bmatrix} 2 & 1 \\ -4 & 9 \end{bmatrix}$$ ▮

問 2　$A=\begin{bmatrix} 1 & 2 \\ 3 & 4 \end{bmatrix}$，$B=\begin{bmatrix} -1 & 2 \\ 1 & 3 \end{bmatrix}$ のとき，次の行列を求めよ．
(1) AB　(2) BA　(3) A^2-B^2　(4) $(A+B)(A-B)$

例 2 と問 2 の計算結果からわかるように，行列の積においては，AB と BA

が一致するとは限らない．

例 3　$A = \begin{bmatrix} a & b \\ c & d \end{bmatrix}$，$E = \begin{bmatrix} 1 & 0 \\ 0 & 1 \end{bmatrix}$，$O = \begin{bmatrix} 0 & 0 \\ 0 & 0 \end{bmatrix}$ とすると，

$AE = A$,　$EA = A$,　$AO = O$,　$OA = O$,

$A + O = A$,　$O + A = A$　▮

単位行列と零行列　例3からわかるように，E は数の1と同じような働きをし，O は数の0と同じような働きをしている．そこで，この E を**単位行列**といい，O を**零行列**または**ゼロ行列**という．

行列の巾乗　同じ2次行列を2回, 3回と掛ける場合, $AA = A^2$, $AAA = A^3$, $\cdots$ などと書く．これを行列の**巾乗**という．また $A^0 = E$ と定める．

ベクトル　2つの数を縦に並べたものを2次の**列ベクトル**といい，アルファベットの小文字 (ゴシック体) で表す．

$$\boldsymbol{a} = \begin{bmatrix} 3 \\ -5 \end{bmatrix}, \quad \boldsymbol{b} = \begin{bmatrix} \pi \\ \sqrt{3} \end{bmatrix}, \quad \cdots \quad \text{など.}$$

行列とベクトルの積は，行列の積と同様に定められる．すなわち，

$$A = \begin{bmatrix} a & b \\ c & d \end{bmatrix}, \quad \boldsymbol{x} = \begin{bmatrix} x \\ y \end{bmatrix} \text{のとき,}$$

$$A\boldsymbol{x} = \begin{bmatrix} a & b \\ c & d \end{bmatrix}\begin{bmatrix} x \\ y \end{bmatrix} = \begin{bmatrix} ax + by \\ cx + dy \end{bmatrix} \text{と定める.}$$

逆行列　2次行列 A に対して，$AX = E$，$XA = E$ となる2次行列 X を A の**逆行列**といい，A^{-1} と書く．

例 4　$A = \begin{bmatrix} 3 & 2 \\ 7 & 5 \end{bmatrix}$，$B = \begin{bmatrix} 5 & -2 \\ -7 & 3 \end{bmatrix}$ とする．このとき，

$AB = \begin{bmatrix} 1 & 0 \\ 0 & 1 \end{bmatrix}$，$BA = \begin{bmatrix} 1 & 0 \\ 0 & 1 \end{bmatrix}$ より，$B = A^{-1}$ である．　▮

さて，与えられた2次行列に対して，このような逆行列はどうすれば見つけ

ることができるのであろうか？　また，このような逆行列は，いつも存在するのであろうか？　そこで，

$$A = \begin{bmatrix} a & b \\ c & d \end{bmatrix}$$

を与えられた行列とし，その逆行列

$$X = \begin{bmatrix} x & y \\ z & w \end{bmatrix}$$

を見つける方法を考えよう．逆行列の定義から，$AX = E$ より，

$$AX = \begin{bmatrix} a & b \\ c & d \end{bmatrix}\begin{bmatrix} x & y \\ z & w \end{bmatrix}$$
$$= \begin{bmatrix} ax+bz & ay+bw \\ cx+dz & cy+dw \end{bmatrix} = \begin{bmatrix} 1 & 0 \\ 0 & 1 \end{bmatrix}$$

である．したがって，a, b, c, d を定数と考え，x, y, z, w を未知数と考えると，次の連立方程式を解けばよいことになる．

$$\begin{cases} ax+bz = 1 & \cdots ① \\ ay+bw = 0 & \cdots ② \\ cx+dz = 0 & \cdots ③ \\ cy+dw = 1 & \cdots ④ \end{cases}$$

このとき，

$$\begin{cases} ①\times d - ③\times b \text{ より，} & (ad-bc)x = d & \cdots ⑤ \\ ③\times a - ①\times c \text{ より，} & (ad-bc)z = -c & \cdots ⑥ \\ ②\times d - ④\times b \text{ より，} & (ad-bc)y = -b & \cdots ⑦ \\ ④\times a - ②\times c \text{ より，} & (ad-bc)w = a & \cdots ⑧ \end{cases}$$

となる．

(i) $ad-bc \neq 0$ のとき ⑤ ~ ⑧ より，

$$x = \frac{d}{ad-bc}, \quad y = \frac{-b}{ad-bc}, \quad z = \frac{-c}{ad-bc}, \quad w = \frac{a}{ad-bc}$$

したがって，

$$X = \begin{bmatrix} x & y \\ z & w \end{bmatrix} = \frac{1}{ad-bc}\begin{bmatrix} d & -b \\ -c & a \end{bmatrix}$$

を得る．このとき実際に，$AX = XA = E$ が成り立つ．

(ii) $ad-bc = 0$ のとき ⑤ ~ ⑧ より，$a = b = c = d = 0$ となる．これは ①, ④ に矛盾する．したがって，$ad-bc = 0$ のときは，A の逆行列は存在しない．

以上をまとめると，次を得る．

定理 0.1.1 (2 次行列の逆行列)
$A = \begin{bmatrix} a & b \\ c & d \end{bmatrix}$ が逆行列をもつための必要十分条件は，$ad-bc \neq 0$ であり，このとき，$A^{-1} = \frac{1}{ad-bc}\begin{bmatrix} d & -b \\ -c & a \end{bmatrix}$ である．

行列式　A の逆行列が存在するための鍵となる $ad-bc$ という値を A の行列式という．この行列式については，第 3 章でより深く学ぶ．

問 3　$A = \begin{bmatrix} 1 & 3 \\ 1 & 2 \end{bmatrix}$, $B = \begin{bmatrix} 2 & -1 \\ 3 & 4 \end{bmatrix}$ とするとき，以下の行列を求めよ．

(1) A^{-1}　(2) B^{-1}　(3) $AX - 2B = O$ をみたす行列 X
(4) $11A - YB = 4B$ をみたす行列 Y

問題 0.1

1. $A = \begin{bmatrix} 1 & 2 \\ 3 & 4 \end{bmatrix}$, $B = \begin{bmatrix} 1 & -2 \\ -1 & 12 \end{bmatrix}$ とする．

このとき，次の連立方程式をみたす行列 X, Y を求めよ．

(1) $\begin{cases} X - 3Y = A \\ X + Y = B \end{cases}$　(2) $\begin{cases} AX + BY = 3E \\ AX - 2BY = 6E \end{cases}$

2. $\begin{bmatrix} 1 & a \\ 2 & 1 \end{bmatrix}\begin{bmatrix} 2 & 1 \\ b & 1 \end{bmatrix} = \begin{bmatrix} 4 & 3 \\ 5 & c \end{bmatrix}$ のとき，a, b, c を求めよ．

3. $\begin{bmatrix} x & y \\ -1 & -2 \end{bmatrix}^{-1} = \begin{bmatrix} -2 & 5 \\ 1 & x \end{bmatrix}$ のとき，x, y を求めよ．

4. $\begin{bmatrix} x^3 & x \\ 1 & 1 \end{bmatrix}$ の逆行列が存在しないための，x の値を求めよ．

5. $\begin{bmatrix} a-1 & 2a \\ a & a-1 \end{bmatrix}$ の逆行列が存在するための，a の条件を求めよ．

6. 任意の 2 次行列 A, B に対して，「$AB = O$ ならば $A = O$ または $B = O$」という命題の真偽を調べよ．

7. 2 次行列 $A = \begin{bmatrix} a & b \\ c & d \end{bmatrix}$ に対して，次の等式が成り立つことを示せ．

これを，**ケーリー・ハミルトンの定理**という．この定理については，6.2 節で詳しく学ぶ．

$$A^2 - (a+d)A + (ad - bc)E = O$$

8. $A = \begin{bmatrix} 5 & -4 \\ 4 & -3 \end{bmatrix}$ のとき，ケーリー・ハミルトンの定理を用いて，次の行列を求めよ．

(1) $A^4 - 2A^3 + 2A^2 - 2A + 2E$　(2) A^6

0.2　連立 1 次方程式と 1 次変換

次の連立 1 次方程式を考える．

$$\begin{cases} 2x + 3y = 3 \\ 5x + 8y = -1 \end{cases} \cdots ①$$

① における 2 つの式の両辺を縦に並べてベクトルの等式と考えると，

$$\begin{bmatrix} 2x + 3y \\ 5x + 8y \end{bmatrix} = \begin{bmatrix} 3 \\ -1 \end{bmatrix} \cdots ②$$

となる．② の左辺は行列とベクトルの積となるので，次のように表現できる．

$$\begin{bmatrix} 2 & 3 \\ 5 & 8 \end{bmatrix} \begin{bmatrix} x \\ y \end{bmatrix} = \begin{bmatrix} 3 \\ -1 \end{bmatrix} \cdots ③$$

③ の左辺に現れた 2 次行列 $\begin{bmatrix} 2 & 3 \\ 5 & 8 \end{bmatrix}$ を，① の**係数行列**という．

この行列の逆行列は $\begin{bmatrix} 8 & -3 \\ -5 & 2 \end{bmatrix}$ であり，これを ③ の両辺に左から掛けると，

$$\begin{bmatrix} 1 & 0 \\ 0 & 1 \end{bmatrix} \begin{bmatrix} x \\ y \end{bmatrix} = \begin{bmatrix} 8 & -3 \\ -5 & 2 \end{bmatrix} \begin{bmatrix} 3 \\ -1 \end{bmatrix}$$

より，

$$\begin{bmatrix} x \\ y \end{bmatrix} = \begin{bmatrix} 27 \\ -17 \end{bmatrix}$$

という解を得る．このように，係数行列が逆行列をもつ場合は，行列の掛け算により，連立 1 次方程式を解くことができる．

問 1　次の連立 1 次方程式を，逆行列を用いて解け．

(1) $\begin{cases} 2x - 3y = 5 \\ 5x - 7y = 3 \end{cases}$　　(2) $\begin{cases} 2x + y = -1 \\ x - 2y = 7 \end{cases}$

1次変換　実数 x に対して実数 y が x の定数倍として定められているとき，$y = ax$ と書き，この関係を**正比例**ということは，小学校から中学校にかけて学んだことである．

次に，平面上の点 (x, y) に対して点 (x', y') が，行列 $\begin{bmatrix} a & b \\ c & d \end{bmatrix}$ を用いて，

$$\begin{bmatrix} x' \\ y' \end{bmatrix} = \begin{bmatrix} a & b \\ c & d \end{bmatrix} \begin{bmatrix} x \\ y \end{bmatrix}$$

と定められているとき，この関係を平面上の**1次変換**という．

$$A = \begin{bmatrix} a & b \\ c & d \end{bmatrix}, \quad \boldsymbol{x} = \begin{bmatrix} x \\ y \end{bmatrix}, \quad \boldsymbol{y} = \begin{bmatrix} x' \\ y' \end{bmatrix}$$

とおくと，$\boldsymbol{y} = A\boldsymbol{x}$ と書けるので，正比例と同じ形をしており，平面上の1次変換は実数直線上の正比例の拡張といえる．また，平面上の点は，その座標を成分とするベクトルと考えることもできるので，1次変換は，ベクトルをベクトルに移す平面上の写像でもある．

例題1　$A = \begin{bmatrix} 2 & 3 \\ 1 & 2 \end{bmatrix}$ とし，A によって表される1次変換を考える．また，点 $\mathrm{P}(1, -4)$, 直線 $\ell : 2x - y - 3 = 0$ とする．このとき，

(1) A によって，点 P が 点 Q に移されたとき，点 Q の座標を求めよ．

(2) A によって直線 ℓ がある図形に移されたとき，その図形を求めよ．

解答　(1) $\begin{bmatrix} 2 & 3 \\ 1 & 2 \end{bmatrix} \begin{bmatrix} 1 \\ -4 \end{bmatrix} = \begin{bmatrix} -10 \\ -7 \end{bmatrix}$ より，$\mathrm{Q}(-10, -7)$ である．

(2) 直線 ℓ 上の点を (x, y) とし，A によって，移った点を (x', y') とすると，

$$\begin{bmatrix} x' \\ y' \end{bmatrix} = \begin{bmatrix} 2 & 3 \\ 1 & 2 \end{bmatrix} \begin{bmatrix} x \\ y \end{bmatrix}$$

A の逆行列を左から掛けると，

$$\begin{bmatrix} x \\ y \end{bmatrix} = \begin{bmatrix} 2 & -3 \\ -1 & 2 \end{bmatrix} \begin{bmatrix} x' \\ y' \end{bmatrix} = \begin{bmatrix} 2x' - 3y' \\ -x' + 2y' \end{bmatrix}$$

したがって，x, y は x', y' によって，次のように表される．

$$\begin{cases} x = 2x' - 3y' \\ y = -x' + 2y' \end{cases}$$

これらを ℓ の方程式に代入すると，$5x' - 8y' - 3 = 0$ より，ℓ は直線 $5x - 8y - 3 = 0$ に移される．

回転の行列　点 $\mathrm{P}(x, y)$ が原点を中心とした角 θ の回転で点 $\mathrm{P}'(x', y')$ に移されたとしよう．平面の原点を O として，線分 OP の長さを r とし，OP と x 軸とのなす角を α とすると，次が成り立つ．

$$\begin{cases} x = r\cos\alpha \\ y = r\sin\alpha \end{cases}$$

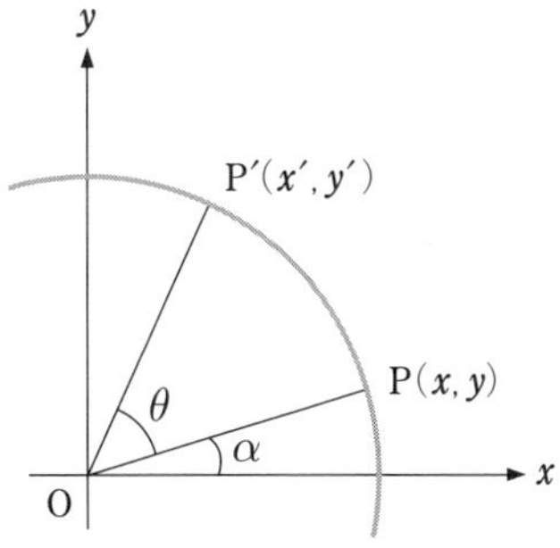

図 **0.1**　角 θ の回転

OP' と x 軸とのなす角は $\alpha + \theta$ であり，三角関数の加法定理を用いると，次が成り立つ．

$$\begin{cases} x' = r\cos(\alpha + \theta) = r\cos\alpha\cos\theta - r\sin\alpha\sin\theta = x\cos\theta - y\sin\theta \\ y' = r\sin(\alpha + \theta) = r\sin\alpha\cos\theta + r\cos\alpha\sin\theta = x\sin\theta + y\cos\theta \end{cases}$$

したがって，行列を用いると次の等式を得る．

$$\begin{bmatrix} x' \\ y' \end{bmatrix} = \begin{bmatrix} \cos\theta & -\sin\theta \\ \sin\theta & \cos\theta \end{bmatrix} \begin{bmatrix} x \\ y \end{bmatrix}$$

ここに現れた行列

$$\begin{bmatrix} \cos\theta & -\sin\theta \\ \sin\theta & \cos\theta \end{bmatrix}$$

を，原点を中心とした角 θ の**回転の行列**という．

問 2　角 60° の回転を表す行列を求めよ．また，点 $\mathrm{P}(2, 1)$ および点 $\mathrm{Q}(-2, 0)$ が，原点を中心とした 60° の回転によって P' および Q' に移されたとき，それらの点の座標を求めよ．

拡大縮小の行列　行列 $\begin{bmatrix} k & 0 \\ 0 & k \end{bmatrix}$ で表される平面上の1次変換を考える．この行列で平面上の点 (x, y) が点 (x', y') に移されたとすると，

$$\begin{cases} x' = kx \\ y' = ky \end{cases} \text{ より，}$$

図形は k 倍に拡大(または縮小)される．この行列を，**拡大縮小の行列**という．

複素平面　任意の**複素数**は，i を虚数単位とし，実数 x, y を用いて $x + yi$ と表される．この複素数を，平面上の点 (x, y) に対応させることにより，平面上の点を複素数と考えることができる．このとき，この平面を**複素平面**または**複素数平面**という．

複素数 $x + yi$ に複素数 $a + bi$ を掛けると，

$$(x + yi)(a + bi) = ax - by + (bx + ay)i \text{ より，}$$

点 (x, y) を点 $(ax - by, bx + ay)$ に対応させることになる．これを行列で表すと，

$$\begin{bmatrix} ax - by \\ bx + ay \end{bmatrix} = \begin{bmatrix} a & -b \\ b & a \end{bmatrix} \begin{bmatrix} x \\ y \end{bmatrix}$$

となる．すなわち，複素数 $a + bi$ を掛けることは，行列 $\begin{bmatrix} a & -b \\ b & a \end{bmatrix}$ による複素平面上の1次変換を表している．

問3　θ を任意の角とし，$\cos\theta + i\sin\theta$ という複素数を考える．この複素数を掛けることに対応する1次変換は，どのような1次変換であるか確認せよ．

さて，前節の終わりで2次行列の行列式というものを紹介したが，その行列式には次のような幾何的な意味がある．

定理 0.2.1 (行列式の幾何的意味)
$A = \begin{bmatrix} a_1 & b_1 \\ a_2 & b_2 \end{bmatrix}$ とし，$\boldsymbol{a} = \begin{bmatrix} a_1 \\ a_2 \end{bmatrix}, \boldsymbol{b} = \begin{bmatrix} b_1 \\ b_2 \end{bmatrix}$ とすると，A の行列式の絶対値 $|a_1b_2 - b_1a_2|$ は，2 つのベクトル $\boldsymbol{a}, \boldsymbol{b}$ がつくる平行四辺形の面積に等しい．

証明　$\boldsymbol{a}$ と $\boldsymbol{b}$ のなす角を $\theta\,(0 \leqq \theta \leqq \pi)$ とすると，平行四辺形の面積 S は，$\boldsymbol{a}$ と $\boldsymbol{b}$ で作られる三角形の面積の 2 倍であり，$S = |\boldsymbol{a}||\boldsymbol{b}|\sin\theta$ となる．

$|\boldsymbol{a}|, |\boldsymbol{b}|$ は，それぞれベクトル $\boldsymbol{a}, \boldsymbol{b}$ の大きさ $\sqrt{{a_1}^2 + {a_2}^2}, \sqrt{{b_1}^2 + {b_2}^2}$ である．

ここで $\boldsymbol{a}$ と $\boldsymbol{b}$ の内積 $(\boldsymbol{a}, \boldsymbol{b}) = |\boldsymbol{a}||\boldsymbol{b}|\cos\theta$ を考える．内積については，第 4 章および第 7 章で詳しく学ぶが，ここでは，高等学校で学んだ内積の計算式 $(\boldsymbol{a}, \boldsymbol{b}) = a_1b_1 + a_2b_2$ を思い出そう．

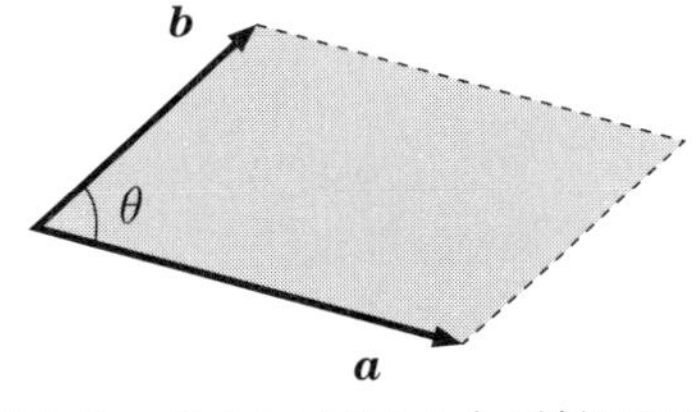

図 0.2　2 つのベクトルと平行四辺形

まず，$(\boldsymbol{a}, \boldsymbol{b}) = |\boldsymbol{a}||\boldsymbol{b}|\cos\theta$ より

$$\cos\theta = \frac{(\boldsymbol{a}, \boldsymbol{b})}{|\boldsymbol{a}||\boldsymbol{b}|} \text{ であり，}$$

$$\sin\theta = \sqrt{1 - \cos^2\theta} \text{ より，}$$

$$S = |\boldsymbol{a}||\boldsymbol{b}|\sqrt{1 - \frac{(\boldsymbol{a}, \boldsymbol{b})^2}{|\boldsymbol{a}|^2|\boldsymbol{b}|^2}} = \sqrt{|\boldsymbol{a}|^2|\boldsymbol{b}|^2 - (\boldsymbol{a}, \boldsymbol{b})^2} \text{ となる．}$$

したがって，この S を成分で表すと，

$$\begin{aligned} S &= \sqrt{({a_1}^2 + {a_2}^2)({b_1}^2 + {b_2}^2) - (a_1b_1 + a_2b_2)^2} \\ &= \sqrt{{a_1}^2{b_1}^2 + {a_1}^2{b_2}^2 + {a_2}^2{b_1}^2 + {a_2}^2{b_2}^2 - {a_1}^2{b_1}^2 - 2a_1b_1a_2b_2 - {a_2}^2{b_2}^2} \\ &= \sqrt{{a_1}^2{b_2}^2 - 2a_1b_2a_2b_1 + {a_2}^2{b_1}^2} \\ &= \sqrt{(a_1b_2 - a_2b_1)^2} \\ &= |a_1b_2 - a_2b_1| \end{aligned}$$

これは A の行列式の絶対値である．すなわち，A の行列式の絶対値は，2 つのベクトルが作る平行四辺形の面積に一致する．∎

問題 0.2

1. 次の連立方程式を解け．ただし，逆行列が使えるとは限らない．

(1) $\begin{cases} 3x - 2y = 3 \\ -5x + 4y = 3 \end{cases}$　(2) $\begin{cases} 3x - 2y = \ \ 3 \\ -6x + 4y = -6 \end{cases}$

(3) $\begin{cases} 3x - 2y = \ \ 3 \\ -6x + 4y = -3 \end{cases}$

2. 連立方程式 $\begin{cases} 2x + 5y = kx \\ 3x + 4y = ky \end{cases}$ が，

$x = y = 0$ 以外の解をもつための k の値を求めよ．

3. $A = \begin{bmatrix} 2 & 3 \\ 5 & 6 \end{bmatrix}$ とし，A によって表される1次変換を考える．また，点 P$(3, -2)$, 直線 $\ell : x - y + 3 = 0$ とする．

(1) A によって，点 P が点 Q に移されたとき，点 Q の座標を求めよ．

(2) A によって，点 R が点 P に移されたとき，点 R の座標を求めよ．

(3) A によって，直線 ℓ がある図形に移されたとき，その図形を求めよ．

4. 次の値を求めよ．

(1) O$(0, 0)$, A$(3, 2)$, B$(-1, 5)$ のとき，OA, OB を2辺とする平行四辺形の面積．

(2) A$(5, -1)$, B$(-2, -3)$, C$(1, 1)$ のとき，CA, CB を2辺とする平行四辺形の面積．

5. 3つの複素数 $a = 2 + 3i$, $b = -2 - i$, $c = 2 - 2i$ を頂点とする複素平面上の三角形を描け．さらに，複素数 $1 + i$ を掛けることにより，この三角形が移る図形を求めよ．

6. 前問5において，$1 + i$ を掛けることは，複素平面においてどのような回転と拡大縮小の合成となっているかを述べよ．

第1章 行列

1.1 行列とその表現

行列 m と n を自然数とし，mn 個の実数や複素数を，横 m 行，縦 n 列の長方形に並べて括弧でくくったものを，**$m \times n$ 行列**，または **(m,n) 行列**といい，大文字のアルファベット A, B, C などで表す．$m \times n$ や (m,n) を行列の**型**という．行列 A を構成する数を A の**成分**といい，第 i 行第 j 列に位置する成分を (i,j) 成分という．A の (i,j) 成分が a_{ij} のとき，$A = [a_{ij}]$ $(i = 1, 2, \cdots, m,\ j = 1, 2, \cdots, n)$ と書く．

$$A = \begin{bmatrix} a_{11} & a_{12} & \cdots & a_{1n} \\ a_{21} & a_{22} & \cdots & a_{2n} \\ \vdots & \vdots & \ddots & \vdots \\ a_{m1} & a_{m2} & \cdots & a_{mn} \end{bmatrix} \quad \text{または，} \quad A = [a_{ij}]$$

例 1 $A = \begin{bmatrix} 3 & 2 & -6 & x \\ 5 & 1 & \sqrt{2} & 0 \\ \pi & -4 & 7 & -1 \end{bmatrix}$ は，3×4 行列である．また，$A = [a_{ij}]$ とすると，$a_{11} = 3$, $a_{12} = 2$, $a_{13} = -6$, $a_{14} = x$, $a_{21} = 5$, $a_{22} = 1$, $a_{23} = \sqrt{2}$, $a_{24} = 0$, $a_{31} = \pi$, $a_{32} = -4$, $a_{33} = 7$, $a_{34} = -1$ である． ▮

零行列 $m \times n$ 行列において，成分がすべて 0 の行列を，**零行列**または**ゼロ行列**といい，O と書く．

正方行列 $m \times n$ 行列において，$m = n$ のとき，**n 次正方行列**または **n 次行列**という．n 次正方行列において，左上から右下に向かう対角線上にある成分 $a_{11}, a_{22}, \cdots, a_{nn}$ を**対角成分**という．

対角行列　n 次正方行列において，対角成分以外はすべて 0 であるような行列を**対角行列**という．

$$A = \begin{bmatrix} a_{11} & & & \text{\Large 0} \\ & a_{22} & & \\ & & \ddots & \\ \text{\Large 0} & & & a_{nn} \end{bmatrix}$$

ここで $\text{\Large 0}$ は，その部分の成分がすべて 0 であることを示す．

単位行列　n 次正方行列において，対角成分が 1 でそれ以外はすべて 0 であるような行列を**単位行列**といい，E と書く．n 次であることを強調するときは，E_n と書く．

スカラー行列　n 次正方行列において，対角成分が定数 c でそれ以外はすべて 0 であるような行列を**スカラー行列**という．1.2 節で学ぶ行列のスカラー倍の記法を用いれば，スカラー行列は，cE と書ける．

$$E = \begin{bmatrix} 1 & & & \text{\Large 0} \\ & 1 & & \\ & & \ddots & \\ \text{\Large 0} & & & 1 \end{bmatrix}, \quad cE = \begin{bmatrix} c & & & \text{\Large 0} \\ & c & & \\ & & \ddots & \\ \text{\Large 0} & & & c \end{bmatrix}$$

単位行列もスカラー行列も対角行列である．また，正方形の零行列も対角行列である．

数ベクトル　$1 \times n$ 行列 $[a_1, a_2, \cdots, a_n]$ を，$\boldsymbol{n}$ **次行ベクトル**という．

$m \times 1$ 行列 $\begin{bmatrix} a_1 \\ a_2 \\ \vdots \\ a_m \end{bmatrix}$ を，$\boldsymbol{m}$ **次列ベクトル**という．

行ベクトルと列ベクトルを合わせて，**数ベクトル**という．成分がすべて 0 の数ベクトルを**零ベクトル**または**ゼロベクトル**といい，$\mathbf{0}$ と書く．また，1×1 行列は数が 1 つだけであり，しばしば数そのものと，同一視する．

行列のベクトル表示　$m \times n$ 行列 $A = \begin{bmatrix} a_{11} & a_{12} & \cdots & a_{1n} \\ a_{21} & a_{22} & \cdots & a_{2n} \\ \vdots & \vdots & \ddots & \vdots \\ a_{m1} & a_{m2} & \cdots & a_{mn} \end{bmatrix}$ に対して，

$$\boldsymbol{a}_1 = \begin{bmatrix} a_{11} \\ a_{21} \\ \vdots \\ a_{m1} \end{bmatrix}, \ \boldsymbol{a}_2 = \begin{bmatrix} a_{12} \\ a_{22} \\ \vdots \\ a_{m2} \end{bmatrix}, \ \cdots, \ \boldsymbol{a}_n = \begin{bmatrix} a_{1n} \\ a_{2n} \\ \vdots \\ a_{mn} \end{bmatrix}$$

という n 個の m 次列ベクトルを考えると，$A = [\boldsymbol{a}_1, \boldsymbol{a}_2, \cdots, \boldsymbol{a}_n]$ と書ける．これを A の**列ベクトル表示**という．同様に，**行ベクトル表示**も定義される．

問 1　行列 A の行ベクトル表示を記述せよ．

問 2　$\boldsymbol{a}_j = \begin{bmatrix} j+1 \\ j-1 \\ -2j \\ j^2 \end{bmatrix}$ を第 j 列とする 4 次行列 $A = [\boldsymbol{a}_1, \boldsymbol{a}_2, \boldsymbol{a}_3, \boldsymbol{a}_4]$ を書け．

転置行列　$m \times n$ 行列 A に対して，A の行と列を入れ換えた行列を A の**転置行列**といい，${}^tA$ と書く．A が $m \times n$ 行列ならば，${}^tA$ は $n \times m$ 行列である．また，$A = [a_{ij}]$ ならば，${}^tA = [a_{ji}]$ である．

例 2　$A = \begin{bmatrix} 2 & -3 & 4 & 1 \\ \sqrt{3} & 5 & -7 & \pi \\ 0 & 4 & 6 & 5 \end{bmatrix}$ のとき，${}^tA = \begin{bmatrix} 2 & \sqrt{3} & 0 \\ -3 & 5 & 4 \\ 4 & -7 & 6 \\ 1 & \pi & 5 \end{bmatrix}$ ■

問 3　$A = \begin{bmatrix} 3 & -2 & 5 \\ x & \pi & \sqrt{5} \\ -a & 5 & 27 \end{bmatrix}$ のとき，A の転置行列 ${}^tA$ を書け．

クロネッカーのデルタ　次のように定められる記号 δ_{ij} を**クロネッカーのデ

ルタという．

$$\delta_{ij} = \begin{cases} 1 & (i = j) \\ 0 & (i \neq j) \end{cases}$$

例 3　単位行列 $E = [a_{ij}]$ は $i = j$ のとき $a_{ij} = 1$ であり，$i \neq j$ のとき $a_{ij} = 0$ より，$E = [\delta_{ij}]$ と書ける．

例題 1　$A = [a_{ij}]$ が 3 次行列で，$a_{ij} = \delta_{i,j+1}$ のとき，A を書け．

解答　$\delta_{i,j+1}$ が 1 となるのは $i = j+1$ のときであり，$(i,j) = (2,1), (3,2)$ の 2 通りである．それ以外は 0 となり，A は以下のようになる．

$$A = \begin{bmatrix} 0 & 0 & 0 \\ 1 & 0 & 0 \\ 0 & 1 & 0 \end{bmatrix}$$

問 4　$A = [a_{ij}]$ が 3 次行列で，$a_{ij} = \delta_{i,|j-2|}$ のとき，A を書け．

対称行列と交代行列　n 次正方行列 A が ${}^tA = A$ であるとき，A を**対称行列**という．また，${}^tA = -A$ であるとき，A を**交代行列**という．

例 4　次の A は対称行列であり，B は交代行列である．

$$A = \begin{bmatrix} 2 & -3 & 4 \\ -3 & 6 & 0 \\ 4 & 0 & 2 \end{bmatrix}, \quad B = \begin{bmatrix} 0 & 5 & -1 \\ -5 & 0 & 2 \\ 1 & -2 & 0 \end{bmatrix}$$

例題 2　A が交代行列ならばその対角成分は 0 であることを示せ．

解答　$A = [a_{ij}]$ とすると ${}^tA = [a_{ji}]$ である．A は交代行列より，${}^tA = -A$ であり $a_{ji} = -a_{ij}$ である．対角成分は $i = j$ より，$a_{ii} = -a_{ii}$．したがって $a_{ii} = 0$ より，対角成分は 0 である．

問 5　次の A は対称行列，B は交代行列であるとき，a, b, c, x, y, z, w を求めよ．

(1) $A = \begin{bmatrix} 1 & a & -b \\ 2b-3 & 3 & 2c \\ 3a+2 & 6 & -4 \end{bmatrix}$　　(2) $B = \begin{bmatrix} x & 2x-5 & 7 \\ 10z & 0 & 5w-9 \\ -7 & 3y^2+1 & y+1 \end{bmatrix}$

上三角行列　n 次正方行列 $A = [a_{ij}]$ において，$a_{ij} = 0\ (i > j)$ である行列

を**上三角行列**という．すなわち，対角成分より左下がすべて 0 となる行列である．同様に**下三角行列**も定義される．

$$A = \begin{bmatrix} a_{11} & a_{12} & \cdots & a_{1n} \\ & a_{22} & \cdots & a_{2n} \\ & & \ddots & \vdots \\ \text{\huge 0} & & & a_{nn} \end{bmatrix}$$

問 6 正方行列が下三角行列であることを，上三角行列にならって定義せよ．

対角行列は，上三角行列であり，下三角行列である．

問題 1.1

1. $A = \begin{bmatrix} 2 & -5 & x & 7 \\ \sqrt{7} & -8 & p+q & -2 \\ \pi & 0 & 1 & 3 \end{bmatrix}$ とするとき，以下の問いに答えよ．

(1) 行列 A の型をいえ．

(2) $A = [a_{ij}]$ とするとき，a_{ij} をすべて書き並べよ．

(3) A を構成する行ベクトルをすべて書き並べよ．

(4) A を構成する列ベクトルをすべて書き並べよ．

(5) A の転置行列を書け．

2. (i, j) 成分 a_{ij} が次のように定められる 3 次正方行列 $A = [a_{ij}]$ を書け．

(1) $a_{ij} = |i - j|$ (2) $a_{ij} = 2i - j$ (3) $a_{ij} = \delta_{i+1,j}$ (4) $a_{ij} = i\delta_{ij}$

3. 次の行列の (i, j) 成分 a_{ij} を，i と j を用いて表せ．

(1) $\begin{bmatrix} 2 & 3 & 4 \\ 3 & 4 & 5 \\ 4 & 5 & 6 \end{bmatrix}$ (2) $\begin{bmatrix} -1 & -3 & -5 \\ 0 & -2 & -4 \\ 1 & -1 & -3 \end{bmatrix}$ (3) $\begin{bmatrix} 1 & 1 & 1 \\ 2 & 4 & 8 \\ 3 & 9 & 27 \end{bmatrix}$

4. 次の行列が対称行列となるように，a, b, c を定めよ．

(1) $\begin{bmatrix} 1 & a & 2b \\ c+1 & -2 & -5 \\ 4 & c & 1 \end{bmatrix}$　(2) $\begin{bmatrix} 1 & b-2 & a \\ c & 5 & a \\ 3 & c & -2 \end{bmatrix}$

5. 次の行列が交代行列となるように，a, b, c, d を定めよ．

(1) $\begin{bmatrix} 0 & a & b \\ c+1 & b-1 & d-4 \\ d & c & 0 \end{bmatrix}$　(2) $\begin{bmatrix} a & c & d \\ b-2 & 0 & c+1 \\ -2 & d & 0 \end{bmatrix}$

6. 行列 A が対称行列であり交代行列ならば，$A = O$ を示せ．

7. $A = [a_{ij}]$ は n 次正方行列で，A の第 i 行の成分は，初項 i 公差 i の等差数列になっているという．このとき，以下の問いに答えよ．

(1) $n = 4$ のとき A を書け．

(2) A の対角成分 a_{ii} とその総和 $a_{11} + a_{22} + \cdots + a_{nn}$ を求めよ．

8. $A = [a_{ij}]$ は n 次正方行列で，A の第 j 列の成分は，初項 j 公差 2 の等差数列になっているという．このとき，以下の問いに答えよ．

(1) $n = 4$ のとき A を書け．

(2) a_{ij} を求めよ．

1.2 行列の演算

行列の相等 2つの行列 $A=[a_{ij}]$, $B=[b_{ij}]$ が同じ型であり，すべての (i,j) に対して $a_{ij}=b_{ij}$ であるとき，A と B は**等しい**といい $A=B$ と書く．

行列の加法とスカラー倍 2つの同じ型の行列 $A=[a_{ij}]$, $B=[b_{ij}]$ に対して，同じ位置にある成分同士を加えてできる行列を，A と B の**和**といい，$A+B$ と書く．また，引いてできる行列を**差**といい，$A-B$ と書く．

定数 c に対して，A の成分をすべて c 倍してできる行列を cA と書き，A の**スカラー倍 (定数倍)** という．特に $c=-1$ のとき，$(-1)A=-A$ と書く．

問 1 $A=\begin{bmatrix} 3 & -2 & 5 & 4 \\ 1 & 6 & 7 & -2 \\ 4 & -5 & 3 & 0 \end{bmatrix}$, $B=\begin{bmatrix} 1 & 0 & -2 & 3 \\ 2 & 5 & 4 & -5 \\ 1 & -2 & 2 & 1 \end{bmatrix}$ とする．
このとき，$3A-2B$ を求めよ．

行列の加法とスカラー倍に関して以下の性質が成り立つ．いずれも証明は容易である．

行列の和とスカラー倍の基本性質

A,B,C を同じ型の行列とし，c,d を定数とするとき，以下が成り立つ．

(1) $(A+B)+C=A+(B+C)$ **(加法の結合法則)**

(2) $A+B=B+A$ **(加法の交換法則)**

(3) 零行列 O に対して $A+O=O+A=A$ **(零元の存在)**

(4) $A-A=-A+A=O$ **(加法の逆元の存在)**

(5) $(cd)A=c(dA)$ **(スカラー倍の結合法則)**

(6) $c(A+B)=cA+cB$

(7) $(c+d)A=cA+dA$

(6), (7) **(スカラー倍の分配法則)**

(8) $1A=A$

行列の乗法　$A=[a_{ij}]$ を $m\times n$ 行列，$B=[b_{ij}]$ を $n\times p$ 行列とするとき，A と B の**積** AB を次のように定める．

$$AB=[c_{ij}] \quad \text{ただし，} c_{ij}=a_{i1}b_{1j}+a_{i2}b_{2j}+\cdots+a_{in}b_{nj}=\sum_{k=1}^{n}a_{ik}b_{kj}$$

すなわち，A の i 行の成分と B の j 列の成分を掛けて足し合わせた値を，AB の (i,j) 成分とする．このとき AB は $m\times p$ 行列になる．行列 A と B の積は，A の列の数と B の行の数が一致するときのみ定義される．したがって，AB が定義されても，BA が定義されるとは限らない．

例 1　$A=\begin{bmatrix} 3 & 2 & -1 \\ 2 & 3 & 5 \\ -1 & 4 & 6 \end{bmatrix}$，$B=\begin{bmatrix} 2 & 1 \\ -4 & -3 \\ 3 & 2 \end{bmatrix}$ とする．このとき，

$$AB=\begin{bmatrix} 3 & 2 & -1 \\ 2 & 3 & 5 \\ -1 & 4 & 6 \end{bmatrix}\begin{bmatrix} 2 & 1 \\ -4 & -3 \\ 3 & 2 \end{bmatrix}$$

$$=\begin{bmatrix} 3\cdot 2+2\cdot(-4)+(-1)\cdot 3 & 3\cdot 1+2\cdot(-3)+(-1)\cdot 2 \\ 2\cdot 2+3\cdot(-4)+5\cdot 3 & 2\cdot 1+3\cdot(-3)+5\cdot 2 \\ (-1)\cdot 2+4\cdot(-4)+6\cdot 3 & (-1)\cdot 1+4\cdot(-3)+6\cdot 2 \end{bmatrix}$$

$$=\begin{bmatrix} -5 & -5 \\ 7 & 3 \\ 0 & -1 \end{bmatrix}$$

■

例題 1　次の A,B,C,D において，積が定義される組合せをすべて求めよ．

$$A=\begin{bmatrix} 2 & 3 & 1 & 0 \\ 0 & -2 & 1 & 2 \end{bmatrix},\quad B=\begin{bmatrix} 2 & 0 & 1 \\ 0 & 1 & -1 \\ -3 & 4 & -2 \end{bmatrix},$$

$$C = \begin{bmatrix} 1 & 4 & 5 \\ 3 & 1 & 2 \\ 2 & 0 & 4 \\ -2 & 0 & -6 \end{bmatrix}, \quad D = \begin{bmatrix} -3 & 0 \\ 1 & 7 \\ 3 & 4 \end{bmatrix}$$

解答　A は $(2,4)$ 行列，B は $(3,3)$ 行列，C は $(4,3)$ 行列，D は $(3,2)$ 行列である．したがって，積が定義される組み合わせは，AC, BD, CB, CD, DA の 5 通りである．

問 2　例題 1 において，積の型が 3×4 行列および 4×2 行列となる積を求めよ．

行列の積について以下の性質が成り立つ．証明は省略する．

行列の積についての基本性質

(1) $EA = AE = A$　**(乗法の単位元)**

(2) $(AB)C = A(BC)$　**(乗法の結合法則)**

(3) $(A+B)C = AC + BC$

(4) $A(B+C) = AB + AC$

(3), (4)：**(乗法の分配法則)**

(5) $(cA)B = A(cB) = c(AB)$　**(c は定数)**

問 3　$A = \begin{bmatrix} 1 & 2 & 0 \\ -1 & 0 & 1 \end{bmatrix}$，$B = \begin{bmatrix} 1 & 0 & 2 \\ 0 & 1 & 1 \\ 3 & -1 & 2 \end{bmatrix}$，$C = \begin{bmatrix} 1 \\ 2 \\ 3 \end{bmatrix}$ とする．このとき，以下の行列を求めよ．これは上記の性質 (2) の確認である．

(1) AB　(2) BC　(3) $(AB)C$　(4) $A(BC)$

転置行列について以下の性質が成り立つ．証明は省略する．

転置行列と演算についての基本性質

(1) ${}^t({}^tA) = A$

(2) ${}^t(A+B) = {}^tA + {}^tB$

(3) ${}^t(AB) = {}^tB\,{}^tA$

問 4　$A = \begin{bmatrix} 1 & -1 \\ 2 & 0 \\ 3 & 1 \end{bmatrix}$, $B = \begin{bmatrix} 1 & 0 & 2 \\ 0 & 3 & 1 \end{bmatrix}$ とする．このとき，以下の行列を求めよ．これは上記の性質 (3) の確認である．

(1) AB　　(2) ${}^tB\,{}^tA$

行列の巾乗　A を正方行列とする．A を 2 回，3 回，$\cdots$，n 回と掛ける場合，$AA = A^2, AAA = A^3, \cdots, AA\cdots A = A^n$ と書く．これらを，A の**巾乗**という．また，$A^0 = E$ と定める．

巾零行列　正方行列 A が，ある整数 m によって，$A^m = O$ となるとき，A を**巾零行列**という．

例題 2　A, B を同じ型の正方行列とする．$(A+B)^2 = A^2 + 2AB + B^2$ が成り立つための必要十分条件は，$AB = BA$ が成り立つことであることを証明せよ．

解答　$(A+B)^2 = (A+B)(A+B) = A^2 + AB + BA + B^2$ より，

$$
\begin{aligned}
(A+B)^2 = A^2 + 2AB + B^2 &\iff A^2 + AB + BA + B^2 = A^2 + 2AB + B^2 \\
&\iff AB + BA = 2AB \\
&\iff AB = BA
\end{aligned}
$$
■

可換　同じ型の正方行列 A, B が $AB = BA$ をみたすとき，A と B は**可換**という．

行列の分割　行列をいくつかの小さな行列に分けることを，**行列の分割**という．特に，行ベクトル表示および列ベクトル表示は，行列の分割である．

例 2　$A = \begin{bmatrix} 1 & 3 & 0 \\ 2 & -4 & 0 \\ 3 & 5 & -6 \end{bmatrix}$ のとき，$A_{11} = \begin{bmatrix} 1 & 3 \\ 2 & -4 \end{bmatrix}$, $A_{12} = \begin{bmatrix} 0 \\ 0 \end{bmatrix}$,

$A_{21} = \begin{bmatrix} 3 & 5 \end{bmatrix}$, $A_{22} = \begin{bmatrix} -6 \end{bmatrix}$ とすると，$A = \begin{bmatrix} A_{11} & A_{12} \\ A_{21} & A_{22} \end{bmatrix}$ である．

行列 A と B の積 AB が定義されるとき，A の列の分割方法と B の行の分割方法が同じならば，積 AB も分割された行列の積となる．すなわち，

$A = \begin{bmatrix} A_{11} & \cdots & A_{1s} \\ \vdots & \ddots & \vdots \\ A_{r1} & \cdots & A_{rs} \end{bmatrix}$，$B = \begin{bmatrix} B_{11} & \cdots & B_{1t} \\ \vdots & \ddots & \vdots \\ B_{s1} & \cdots & B_{st} \end{bmatrix}$ のとき，

$$AB = \begin{bmatrix} C_{ij} \end{bmatrix} \text{ ただし，} C_{ij} = A_{i1}B_{1j} + \cdots + A_{is}B_{sj}$$

■

問 5　$B = \begin{bmatrix} 3 & -1 & 2 \\ 1 & -2 & 3 \\ 3 & -1 & 5 \end{bmatrix}$ のとき，$B_{11} = \begin{bmatrix} 3 & -1 \\ 1 & -2 \end{bmatrix}$, $B_{12} = \begin{bmatrix} 2 \\ 3 \end{bmatrix}$,

$B_{21} = \begin{bmatrix} 3 & -1 \end{bmatrix}$, $B_{22} = \begin{bmatrix} 5 \end{bmatrix}$ として，例 2 における行列 A との積 AB を，分割を利用して求めよ．

問題 1.2

1.　次の行列の計算を行え．

(1) $\begin{bmatrix} 3 & -1 & 2 \\ 1 & 0 & -2 \end{bmatrix}\begin{bmatrix} 4 & -2 & -1 \\ 0 & 2 & 1 \\ -3 & 4 & 1 \end{bmatrix}$

(2) $\begin{bmatrix} 3 \\ 1 \\ 0 \end{bmatrix}\begin{bmatrix} 2 & -5 & -1 \end{bmatrix}$　　(3) $\begin{bmatrix} 4 & -2 & 5 \end{bmatrix}\begin{bmatrix} 1 \\ -3 \\ 2 \end{bmatrix}$

(4) $\left\{3\begin{bmatrix} 3 & 1 & 0 \\ -2 & 1 & 4 \\ 2 & 1 & -3 \end{bmatrix} - \begin{bmatrix} 5 & 4 & 2 \\ 3 & -3 & 4 \\ 7 & 1 & -2 \end{bmatrix}\right\}\begin{bmatrix} 0 & 1 & 3 \\ 2 & 4 & -1 \\ 5 & -2 & 3 \end{bmatrix}$

2. 次の A, B, C, D において，積が定義される組合せについて，その積をすべて計算せよ．

$$A = \begin{bmatrix} 1 & -2 & 3 \end{bmatrix}, \quad B = \begin{bmatrix} 2 \\ 0 \\ -3 \\ 5 \end{bmatrix}, \quad C = \begin{bmatrix} -2 & 3 & 1 \\ 3 & -3 & 4 \end{bmatrix},$$

$$D = \begin{bmatrix} 1 & 0 \\ 6 & -2 \\ 4 & 1 \end{bmatrix}$$

3. 次の A, B, C について，その n 乗を求めよ．

(1) $A = \begin{bmatrix} 2 & 1 \\ 0 & 1 \end{bmatrix}$　(2) $B = \begin{bmatrix} 3 & 0 & 0 \\ 0 & a & 0 \\ 0 & 0 & b \end{bmatrix}$　(3) $C = \begin{bmatrix} 0 & 1 & 0 \\ 0 & 0 & 1 \\ 1 & 0 & 0 \end{bmatrix}$

4. $A = \begin{bmatrix} 2 & 1 & -3 \\ 0 & 4 & 1 \\ 5 & -2 & 3 \end{bmatrix}$ とするとき，$A + {}^tA$ および $A - {}^tA$ を求めよ．

5. A を正方行列とするとき，次の (1), (2) を示せ．

(1) $A + {}^tA$ は対称行列である．　(2) $A - {}^tA$ は交代行列である．

6. A, B を同じ型の正方行列とする．$(A+B)(A-B) = A^2 - B^2$ が成り立つための必要十分条件は，A と B が可換となることであることを示せ．

7. A, B を同じ型の正方行列とする．A, B がともに上三角行列であれば，その積 AB も上三角行列であることを示せ．

8. 行列 A, B に積が定義されているとき，${}^t(AB) = {}^tB\,{}^tA$ が成り立つことを示せ．

第2章　連立1次方程式

2.1　掃き出し法と基本変形

まず2つの例題から始めよう．

例題 1　$\begin{cases} 3x - y = 13 \\ 2x - 3y = 18 \end{cases}$ を解け．

解答

$\begin{cases} 3x - y = 13 \\ 2x - 3y = 18 \end{cases}$　第2式の -1 倍を第1式に加える．

$\begin{cases} x + 2y = -5 \\ 2x - 3y = 18 \end{cases}$　第1式の -2 倍を第2式に加える．

$\begin{cases} x + 2y = -5 \\ 0 - 7y = 28 \end{cases}$　第2式を $-\dfrac{1}{7}$ 倍する．

$\begin{cases} x + 2y = -5 \\ 0 + y = -4 \end{cases}$　第2式の -2 倍を第1式に加える．

$\begin{cases} x + 0 = 3 \\ 0 + y = -4 \end{cases}$　以上により，解 $\begin{cases} x = 3 \\ y = -4 \end{cases}$ を得る．

例題 2　$\begin{cases} 3x + 5y - z = 12 \\ 2x - y + 3z = 25 \\ x + 2y - z = 0 \end{cases}$ を解け．

解答

$\begin{cases} 3x + 5y - z = 12 \\ 2x - y + 3z = 25 \\ x + 2y - z = 0 \end{cases}$　第1式と第3式を入れ換える．

$\begin{cases} x + 2y - z = 0 \\ 2x - y + 3z = 25 \\ 3x + 5y - z = 12 \end{cases}$　第1式の -2 倍と -3 倍を，それぞれ第2式と第3式に加える．

$$\begin{cases} x+2y-\ \ z=\ 0 \\ 0-5y+5z=25 \\ 0-\ \ y+2z=12 \end{cases}$$
第2式を $-\dfrac{1}{5}$ 倍する．

$$\begin{cases} x+2y-\ \ z=\ 0 \\ 0+\ \ y-\ \ z=-5 \\ 0-\ \ y+2z=\ 12 \end{cases}$$
第2式の -2 倍とそのままの式を，それぞれ第1式と第3式に加える．

$$\begin{cases} x+0+z=\ 10 \\ 0+y-z=-5 \\ 0+0+z=\ \ 7 \end{cases}$$
第3式の -1 倍とそのままの式を，それぞれ第1式と第2式に加える．

$$\begin{cases} x+0+0=3 \\ 0+y+0=2 \\ 0+0+z=7 \end{cases}$$
以上により，解 $\begin{cases} x=3 \\ y=2 \\ z=7 \end{cases}$ を得る． ■

掃き出し法　例題1,2のように，連立1次方程式に対して，次の3つの操作を施して式を簡単にして解く方法を**掃き出し法**という．

(1)　2つの式を入れ換える．

(2)　1つの式を k 倍する $(k \neq 0)$．

(3)　1つの式の k 倍を他の式に加える（k は任意）．

これらの操作は，いずれも逆操作可能であり，はじめに与えられた方程式と，変形された方程式は，同値な方程式である．

問1　次の連立1次方程式を，掃き出し法で解け．

(1) $\begin{cases} 7x-4y=\ \ 38 \\ -2x+\ \ y=-11 \end{cases}$　　(2) $\begin{cases} x-\ \ y+\ \ z=1 \\ 3x+\ \ y+4z=0 \\ 3x-6y+\ \ z=9 \end{cases}$

ところで，例題1,2および問1における，連立1次方程式の未知数は x, y, z であるが，その解法においては，未知数の記号は本質的ではなく，その係数と右辺の定数が重要である．そこで，連立1次方程式の係数と右辺の定数を並べてできる行列というものを定義しよう．そのため次のような，式の数 m 個，未知数の数 n 個の一般的な連立1次方程式 $(*)$ を考える．

$$
(*)\begin{cases}
a_{11}x_1 + a_{12}x_2 + \cdots + a_{1n}x_n = b_1 \\
a_{21}x_1 + a_{22}x_2 + \cdots + a_{2n}x_n = b_2 \\
\cdots \\
a_{m1}x_1 + a_{m2}x_2 + \cdots + a_{mn}x_n = b_m
\end{cases}
$$

ここで，

$$
A = \begin{bmatrix} a_{11} & a_{12} & \cdots & a_{1n} \\ a_{21} & a_{22} & \cdots & a_{2n} \\ \vdots & \vdots & \ddots & \vdots \\ a_{m1} & a_{m2} & \cdots & a_{mn} \end{bmatrix}, \quad \boldsymbol{x} = \begin{bmatrix} x_1 \\ x_2 \\ \vdots \\ x_n \end{bmatrix}, \quad \boldsymbol{b} = \begin{bmatrix} b_1 \\ b_2 \\ \vdots \\ b_m \end{bmatrix}
$$

とおくと，$(*)$ は，$A\boldsymbol{x} = \boldsymbol{b}$ と書ける．さらに，

$$
A' = [A|\boldsymbol{b}] = \left[\begin{array}{cccc|c} a_{11} & a_{12} & \cdots & a_{1n} & b_1 \\ a_{21} & a_{22} & \cdots & a_{2n} & b_2 \\ \vdots & \vdots & \ddots & \vdots & \vdots \\ a_{m1} & a_{m2} & \cdots & a_{mn} & b_m \end{array}\right]
$$

とおく．このとき，A を $(*)$ の**係数行列**，A' を $(*)$ の**拡大係数行列**という．

例題 3　例題 1 における連立 1 次方程式の解法 (掃き出し法) を，拡大係数行列の変形に対応させよ．

解答　例題 1 における連立 1 次方程式を行列を用いて表現すると

$$
\begin{bmatrix} 3 & -1 \\ 2 & -3 \end{bmatrix}\begin{bmatrix} x \\ y \end{bmatrix} = \begin{bmatrix} 13 \\ 18 \end{bmatrix}
$$

であり，掃き出し法に対応する拡大係数行列の変形は以下となる．

$$
\left[\begin{array}{cc|c} 3 & -1 & 13 \\ 2 & -3 & 18 \end{array}\right] \qquad \text{第 2 行の } -1 \text{ 倍を第 1 行に加える．}
$$

$$
\left[\begin{array}{cc|c} 1 & 2 & -5 \\ 2 & -3 & 18 \end{array}\right] \qquad \text{第 1 行の } -2 \text{ 倍を第 2 行に加える．}
$$

$$
\left[\begin{array}{cc|c} 1 & 2 & -5 \\ 0 & -7 & 28 \end{array}\right] \qquad \text{第 2 行を } -\frac{1}{7} \text{ 倍する．}
$$

$$\left[\begin{array}{cc|c} 1 & 2 & -5 \\ 0 & 1 & -4 \end{array}\right]$$ 第2行の -2 倍を第1行に加える．

$$\left[\begin{array}{cc|c} 1 & 0 & 3 \\ 0 & 1 & -4 \end{array}\right]$$ 以上により，解 $\begin{cases} x = 3 \\ y = -4 \end{cases}$ を得る． ▮

例題 4　例題2における連立1次方程式の解法 (掃き出し法) を，拡大係数行列の変形に対応させよ．

解答　例題2における連立1次方程式を行列を用いて表現すると

$$\begin{bmatrix} 3 & 5 & -1 \\ 2 & -1 & 3 \\ 1 & 2 & -1 \end{bmatrix}\begin{bmatrix} x \\ y \\ z \end{bmatrix} = \begin{bmatrix} 12 \\ 25 \\ 0 \end{bmatrix}$$

であり，掃き出し法に対応する拡大係数行列の変形は以下となる．

$$\left[\begin{array}{ccc|c} 3 & 5 & -1 & 12 \\ 2 & -1 & 3 & 25 \\ 1 & 2 & -1 & 0 \end{array}\right]$$ 第1行と第3行を入れ換える．

$$\left[\begin{array}{ccc|c} 1 & 2 & -1 & 0 \\ 2 & -1 & 3 & 25 \\ 3 & 5 & -1 & 12 \end{array}\right]$$ 第1行の -2 倍と -3 倍を，それぞれ第2行と第3行に加える．

$$\left[\begin{array}{ccc|c} 1 & 2 & -1 & 0 \\ 0 & -5 & 5 & 25 \\ 0 & -1 & 2 & 12 \end{array}\right]$$ 第2行を $-\dfrac{1}{5}$ 倍する．

$$\left[\begin{array}{ccc|c} 1 & 2 & -1 & 0 \\ 0 & 1 & -1 & -5 \\ 0 & -1 & 2 & 12 \end{array}\right]$$ 第2行の -2 倍とそのままの式を，それぞれ第1行と第3行に加える．

$$\left[\begin{array}{ccc|c} 1 & 0 & 1 & 10 \\ 0 & 1 & -1 & -5 \\ 0 & 0 & 1 & 7 \end{array}\right]$$ 第3行の -1 倍とそのままの式を，それぞれ第1行と第2行に加える．

$$\left[\begin{array}{ccc|c} 1 & 0 & 0 & 3 \\ 0 & 1 & 0 & 2 \\ 0 & 0 & 1 & 7 \end{array}\right]$$ 以上により，解 $\begin{cases} x = 3 \\ y = 2 \\ z = 7 \end{cases}$ を得る． ▮

例題3,4 でわかるように，掃き出し法の3つの操作に対応して拡大係数行列を変形することにより，連立1次方程式を解くことができる．そこで行列に対するこのような変形を，以下のように定める．

行基本変形 行列に次の 3 つの操作を施すことを，行列の**行基本変形**という．

(1) 2 つの行を入れ換える．

(2) 1 つの行を k 倍する ($k \neq 0$)．

(3) 1 つの行の k 倍を他の行に加える (k は任意)．

これらの変形はいずれも逆の変形も可能であり，はじめに与えられた行列と変形された行列は，互いに行基本変形で移り合う行列である．

問 2 次の連立 1 次方程式を行列で表現し，拡大係数行列の行基本変形を用いて解け．

(1) $\begin{cases} 2x + 3y = -1 \\ x - y = 2 \end{cases}$ (2) $\begin{cases} x + 2y - z = 2 \\ y - 2z = -4 \\ -x + 3z = 8 \end{cases}$

注意 本節では，解が 1 組に定まる連立 1 次方程式のみを取り扱っている．より一般的な連立 1 次方程式の解法については次節で学ぶ．

問題 2.1

1. 次の連立 1 次方程式を，掃き出し法で解け．

(1) $\begin{cases} 3x + 2y = 5 \\ 2x - y = 1 \end{cases}$ (2) $\begin{cases} -8x + 2y = -7 \\ 3x - y = 1 \end{cases}$

2. 次の連立 1 次方程式を，掃き出し法で解け．

(1) $\begin{cases} x - y + 2z = 3 \\ 2x - y + 4z = -2 \\ -3x + 3y - 5z = 1 \end{cases}$ (2) $\begin{cases} 21x - 3y + 6z = 19 \\ 10x - y + 3z = 9 \\ -5x + y - z = -4 \end{cases}$

3. 次の連立 1 次方程式を行列で表現し，拡大係数行列の行基本変形を用いて解け．

(1) $\begin{cases} -5x - 8y = 3 \\ 2x + 3y = -4 \end{cases}$ (2) $\begin{cases} -3x + 3y = -4 \\ 4x - 5y = 1 \end{cases}$

4. 次の連立 1 次方程式を行列で表現し，拡大係数行列の行基本変形を用いて解け.

(1) $$\begin{cases} x - 2y - 3z = 2 \\ 2x - y - z = 5 \\ -3x + 8y + 12z = -3 \end{cases}$$

(2) $$\begin{cases} 5x + 8y + 17z = -4 \\ -2x - 3y - 6z = 3 \\ 6x + 6y + 4z = -27 \end{cases}$$

(3) $$\begin{cases} 2x + y - z = -1 \\ 4x + y - 3z = -7 \\ -2x - 2y + 5z = 6 \end{cases}$$

(4) $$\begin{cases} x + 3y - z = 1 \\ 2x + y + 4z = 6 \\ -3x + 6y - z = 6 \end{cases}$$

5. 次の連立 1 次方程式を解け.

$$\begin{cases} x + y + 2z + w = -3 \\ 2x + 3y + 4z + w = -7 \\ 2x - 7y + 5z + 4w = 1 \\ 2x - y + 3z + 13w = -1 \end{cases}$$

2.2　行列の簡約化

前節で，解がちょうど1組にきまる連立1次方程式を，掃き出し法および拡大係数行列の行基本変形を用いて解くことを学んだ．しかし，連立1次方程式には，解が無数にあるものや，解のないものもある．そのような連立1次方程式に対しても，行基本変形を用いて解くことができるように，本節では，行列の簡約化について学ぶ．

簡約な行列　以下の条件をみたす行列を**簡約な行列**という．

(1)　各行ベクトルは，零ベクトルか，または，最初の0でない成分は1となるベクトルである．

(2)　行ベクトルのうち，零ベクトルは零ベクトルでないものよりも下にある．

(3)　零ベクトルでない2つの行ベクトルにおいては，最初の0でない成分1が先にあるベクトルの方が上にある．

(4)　零ベクトルでない行ベクトルの最初の0でない成分1が属する列ベクトルは，その1以外の成分はすべて0である．

言葉で述べると少々複雑であるが，次の例1を見ればそれほど難しくはないであろう．左下側に0が集まっており，最初の0でない成分1のところをつなぐと，階段状になっているので，階段行列と呼ばれることもある．上記の条件の中では，条件(4)を見落としやすいので注意されたい．なお，単位行列および零行列は，いずれも簡約な行列である．

例1　簡約な行列の例．

$$(1)\ \begin{bmatrix} 1 & 2 & 0 & -3 \\ 0 & 0 & 1 & 0 \\ 0 & 0 & 0 & 0 \end{bmatrix} \qquad (2)\ \begin{bmatrix} 1 & 4 & 0 & 0 & 3 \\ 0 & 0 & 1 & 1 & 2 \\ 0 & 0 & 0 & 0 & 0 \end{bmatrix}$$

$$(3)\ \begin{bmatrix} 0 & 1 & 0 & 0 & 2 & 0 \\ 0 & 0 & 0 & 1 & 1 & 0 \\ 0 & 0 & 0 & 0 & 0 & 1 \end{bmatrix} \qquad (4)\ \begin{bmatrix} 0 & 1 & 2 & 0 & -3 & 0 \\ 0 & 0 & 0 & 1 & 5 & 0 \\ 0 & 0 & 0 & 0 & 0 & 1 \\ 0 & 0 & 0 & 0 & 0 & 0 \end{bmatrix}$$

次の定理の証明は省略する．行列を行基本変形を用いて簡約な行列にすることを**簡約化**するという．

定理 2.2.1
すべての行列は，行基本変形により，簡約な行列に変形可能である．しかも，変形された行列はただ1通りに決まる．

例題 1　次の行列を簡約化せよ．

$$\begin{bmatrix} -2 & -2 & -3 & -6 & 3 \\ 2 & 2 & -1 & 6 & 0 \\ 3 & 3 & 4 & 9 & -3 \end{bmatrix}$$

解答

$$\begin{bmatrix} -2 & -2 & -3 & -6 & 3 \\ 2 & 2 & -1 & 6 & 0 \\ 3 & 3 & 4 & 9 & -3 \end{bmatrix}$$
第3行を第1行に加える．

$$\begin{bmatrix} 1 & 1 & 1 & 3 & 0 \\ 2 & 2 & -1 & 6 & 0 \\ 3 & 3 & 4 & 9 & -3 \end{bmatrix}$$
第1行の -2 倍と -3 倍をそれぞれ第2行と第3行に加える．

$$\begin{bmatrix} 1 & 1 & 1 & 3 & 0 \\ 0 & 0 & -3 & 0 & 0 \\ 0 & 0 & 1 & 0 & -3 \end{bmatrix}$$
第2行と第3行を入れ換える．

$$\begin{bmatrix} 1 & 1 & 1 & 3 & 0 \\ 0 & 0 & 1 & 0 & -3 \\ 0 & 0 & -3 & 0 & 0 \end{bmatrix}$$
第2行の -1 倍と3倍をそれぞれ第1行と第3行に加える．

$$\begin{bmatrix} 1 & 1 & 0 & 3 & 3 \\ 0 & 0 & 1 & 0 & -3 \\ 0 & 0 & 0 & 0 & -9 \end{bmatrix}$$
第3行を $-\dfrac{1}{9}$ 倍する．

$$\begin{bmatrix} 1 & 1 & 0 & 3 & 3 \\ 0 & 0 & 1 & 0 & -3 \\ 0 & 0 & 0 & 0 & 1 \end{bmatrix}$$
第3行の -3 倍と3倍をそれぞれ第1行と第2行に加える．

$$\begin{bmatrix} 1 & 1 & 0 & 3 & 0 \\ 0 & 0 & 1 & 0 & 0 \\ 0 & 0 & 0 & 0 & 1 \end{bmatrix}$$

以上で簡約化された．

問 1　次の行列を簡約化せよ．

(1) $\begin{bmatrix} 5 & -2 & 15 \\ -2 & 1 & -6 \\ -1 & 1 & -3 \end{bmatrix}$　　(2) $\begin{bmatrix} 1 & -2 & -3 & 4 \\ -2 & 5 & 7 & -10 \\ 0 & -3 & -5 & 8 \end{bmatrix}$

例題 2　次の連立 1 次方程式を，拡大係数行列を簡約化することにより解け．

$$\begin{cases} 3x - 6y - z - 7w = 5 \\ -2x + 4y + z + 5w = -4 \\ x - 2y + z - w = -1 \end{cases}$$

$$\left[\begin{array}{cccc|c} 3 & -6 & -1 & -7 & 5 \\ -2 & 4 & 1 & 5 & -4 \\ 1 & -2 & 1 & -1 & -1 \end{array}\right]$$

第 1 行と第 3 行を入れ換える．

$$\left[\begin{array}{cccc|c} 1 & -2 & 1 & -1 & -1 \\ -2 & 4 & 1 & 5 & -4 \\ 3 & -6 & -1 & -7 & 5 \end{array}\right]$$

第 1 行の 2 倍と -3 倍をそれぞれ第 2 行と第 3 行に加える．

$$\left[\begin{array}{cccc|c} 1 & -2 & 1 & -1 & -1 \\ 0 & 0 & 3 & 3 & -6 \\ 0 & 0 & -4 & -4 & 8 \end{array}\right]$$

第 2 行と第 3 行をそれぞれ $\dfrac{1}{3}$ 倍 $-\dfrac{1}{4}$ 倍する．

$$\left[\begin{array}{cccc|c} 1 & -2 & 1 & -1 & -1 \\ 0 & 0 & 1 & 1 & -2 \\ 0 & 0 & 1 & 1 & -2 \end{array}\right]$$

第 2 行の -1 倍を第 1 行と第 3 行に加える．

$$\left[\begin{array}{cccc|c} 1 & -2 & 0 & -2 & 1 \\ 0 & 0 & 1 & 1 & -2 \\ 0 & 0 & 0 & 0 & 0 \end{array}\right]$$

が得られた．

最後の行列に対応する連立 1 次方程式は，

$$\begin{cases} x - 2y - 2w = 1 \\ z + w = -2 \end{cases}$$

である．そこで，

$$\begin{cases} x = 2y + 2w + 1 \\ z = - w - 2 \end{cases}$$

より，

$y = c_1$，$w = c_2$ とおくと，次の解を得る．この解は任意定数を含んでおり，解の組が無数にある解である．

$$\begin{cases} x = 2c_1 + 2c_2 + 1 \\ y = c_1 \\ z = \quad - c_2 - 2 \\ w = \quad c_2 \end{cases} \qquad (c_1,\ c_2 \text{ は任意定数})$$

ベクトルを用いると，この解は次のように表現できる．

$$\begin{bmatrix} x \\ y \\ z \\ w \end{bmatrix} = c_1 \begin{bmatrix} 2 \\ 1 \\ 0 \\ 0 \end{bmatrix} + c_2 \begin{bmatrix} 2 \\ 0 \\ -1 \\ 1 \end{bmatrix} + \begin{bmatrix} 1 \\ 0 \\ -2 \\ 0 \end{bmatrix} \quad (c_1,\ c_2 \text{ は任意定数})$$

問2　次の連立1次方程式を，拡大係数行列を簡約化することにより解け．

(1) $\begin{cases} 5x + 20y = 15 \\ x + 4y = 3 \end{cases}$　　(2) $\begin{cases} x + 2y - z = 1 \\ 2x + 5y - 3z = -3 \\ 3x + 7y - 4z = -2 \end{cases}$

例題3　次の連立1次方程式を，拡大係数行列を簡約化することにより解け．

$$\begin{cases} 5x + 2y + 2z = -16 \\ 2x + y + z = -9 \\ x - y - z = -6 \end{cases}$$

解答

$$\left[\begin{array}{ccc|c} 5 & 2 & 2 & -16 \\ 2 & 1 & 1 & -9 \\ 1 & -1 & -1 & -6 \end{array}\right]$$
第1行と第3行を入れ換える．

$$\left[\begin{array}{ccc|c} 1 & -1 & -1 & -6 \\ 2 & 1 & 1 & -9 \\ 5 & 2 & 2 & -16 \end{array}\right]$$
第1行の -2 倍と -5 倍をそれぞれ第2行と第3行に加える．

$$\left[\begin{array}{ccc|c} 1 & -1 & -1 & -6 \\ 0 & 3 & 3 & 3 \\ 0 & 7 & 7 & 14 \end{array}\right]$$
第2行と第3行をそれぞれ $\frac{1}{3}$ 倍，$\frac{1}{7}$ 倍する．

$$\left[\begin{array}{ccc|c} 1 & -1 & -1 & -6 \\ 0 & 1 & 1 & 1 \\ 0 & 1 & 1 & 2 \end{array}\right]$$
第2行と第2行の -1 倍をそれぞれ第1行と第3行に加える．

$$\left[\begin{array}{ccc|c} 1 & 0 & 0 & -5 \\ 0 & 1 & 1 & 1 \\ 0 & 0 & 0 & 1 \end{array}\right]$$ 第 3 行の -1 倍と 5 倍をそれぞれ第 2 行と第 1 行に加える.

$$\left[\begin{array}{ccc|c} 1 & 0 & 0 & 0 \\ 0 & 1 & 1 & 0 \\ 0 & 0 & 0 & 1 \end{array}\right]$$ が得られた.

最後の行列の第 3 行に対応する方程式は $0 = 1$ である．これは不合理であり，与えられた連立 1 次方程式は解をもたない． ∎

問 3 次の連立 1 次方程式が解をもたないことを，拡大係数行列を簡約化することにより示せ.

$$\begin{cases} 2x - 5y + 4z = 4 \\ -x - y + 5z = 5 \\ -3x + 4y + z = -2 \end{cases}$$

問題 2.2

1. 次の連立 1 次方程式を，拡大係数行列を簡約化することにより解け.

(1) $\begin{cases} x - 2y = 4 \\ 3x - 6y = 12 \end{cases}$ (2) $\begin{cases} -4x + 2y = 2 \\ 2x - y = -1 \end{cases}$

2. 次の連立 1 次方程式を，拡大係数行列を簡約化することにより解け.

(1) $\begin{cases} x - y - 8z = -9 \\ 2x + y - z = 3 \\ 3x + y - 4z = 1 \end{cases}$ (2) $\begin{cases} 3x + y + 2z = 12 \\ 2x + y = 7 \\ -5x - 4y + 6z = -13 \end{cases}$

(3) $\begin{cases} -2x + 6y - 4z = -8 \\ x - 3y + 2z = 4 \\ 3x - 9y + 6z = 12 \end{cases}$ (4) $\begin{cases} -6x - 3y + 9z = -15 \\ 2x + y - 3z = 5 \\ 4x + 2y - 6z = 10 \end{cases}$

3. 次の連立 1 次方程式は解をもたないことを，拡大係数行列を簡約化することにより示せ.

(1) $\begin{cases} x + 3y - 2z = 1 \\ 2x + 5y - 4z = 3 \\ -3x + y + 6z = 17 \end{cases}$　(2) $\begin{cases} x + 8y + z = 3 \\ 5x + 4y - 7z = -11 \\ 2x + y - 3z = -4 \end{cases}$

4. 次の連立1次方程式を，拡大係数行列を簡約化することにより解け．

(1) $\begin{cases} x - y + z - w = 2 \\ 2x - 2y + z = 7 \\ 3x - 3y + z + w = 12 \end{cases}$

(2) $\begin{cases} x_1 - 2x_2 + x_3 + x_4 - 4x_5 = -1 \\ 4x_1 - 8x_2 + 4x_3 + 7x_4 - 28x_5 = -10 \\ 3x_1 - 6x_2 + 3x_3 + x_4 - 4x_5 = 1 \end{cases}$

5. 1本35円の鉛筆と，1本55円のボールペンと，1本95円のサインペンを合わせて20本買い，1380円払った．鉛筆，ボールペン，サインペンそれぞれ何本ずつ買ったか？　ただし，各本数は10本未満とする．

2.3 行列の階数と連立1次方程式の解

2.1節と2.2節で，連立1次方程式を拡大係数行列の行基本変形を用いて解くことを学び，さらに解をもたない場合についても考察した．本節では，行列に階数(rank)というものを導入し，連立1次方程式について，さらに深く考察する．

行列の階数 与えられた行列 A に対して，A を行基本変形を用いて簡約化したとき，零ベクトルでない行ベクトルの数を，A の**階数**または**ランク**といい，$\mathrm{rank}(A)$ と書く．

例題1 $A = \begin{bmatrix} 3 & 6 & -2 & -3 \\ -2 & -4 & 1 & 2 \\ 5 & 10 & -1 & -5 \end{bmatrix}$ の階数を求めよ．

 A を簡約化すると $\begin{bmatrix} 1 & 2 & 0 & -1 \\ 0 & 0 & 1 & 0 \\ 0 & 0 & 0 & 0 \end{bmatrix}$ となる(やってみよう)．

この行列の行ベクトルは3つあるが，そのうち零ベクトルでないものは2つであり，$\mathrm{rank}(A) = 2$ である． ▮

問1 次の行列の階数を求めよ．

(1) $A = \begin{bmatrix} 5 & 2 & 3 \\ 4 & 1 & 3 \\ 1 & 0 & 1 \end{bmatrix}$ (2) $B = \begin{bmatrix} 1 & -4 & 0 & 1 \\ 2 & -8 & -1 & 2 \\ 2 & -6 & -2 & 6 \\ -1 & 4 & 2 & -1 \end{bmatrix}$

行列の階数はその定義から，行の数および列の数より大きくなることはないので，次を得る．

命題 2.3.1

A を $m \times n$ 行列とすると，次が成り立つ．

(1) $\mathrm{rank}(A) \leqq m$

(2) $\mathrm{rank}(A) \leqq n$

さて，式の数 m 個，未知数の数 n 個の連立1次方程式

$$(*) \quad A\boldsymbol{x} = \boldsymbol{b}$$

を考えよう．A は $m \times n$ 行列であり，2.1 節の $(*)$ を思い出してほしい．

$A' = [A|\boldsymbol{b}]$ を拡大係数行列とすると，A および A' を簡約化したとき，簡約化された行列の違いは，$\boldsymbol{b}$ に対応する最後の列だけであり，その違いによって，次の (i), (ii) が成り立つ．

(i)　$\mathrm{rank}(A') = \mathrm{rank}(A)$

(ii)　$\mathrm{rank}(A') = \mathrm{rank}(A) + 1$

(i) のとき．A' を簡約化した行列は，次のようになっている．

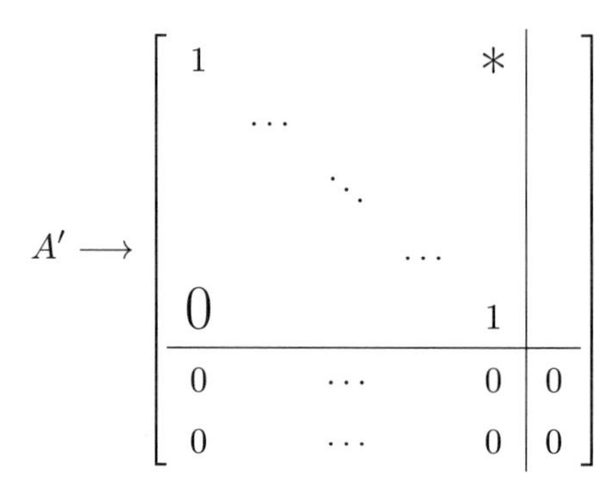

このとき前節で見たように，$A\boldsymbol{x} = \boldsymbol{b}$ は解をもつ．

(ii) のとき．A' を簡約化した行列は，次のようになっている．

$$A' \longrightarrow \left[\begin{array}{cccc|c} 1 & & & * & \\ & \cdots & & & \\ & & \ddots & & \\ & & & \cdots & \\ 0 & & & 1 & \\ \hline 0 & & \cdots & 0 & 1 \\ 0 & & \cdots & 0 & 0 \end{array}\right] \longleftarrow \begin{array}{l} \text{零ベクトルでない} \\ \text{最後の行ベクトル} \end{array}$$

このとき零ベクトルでない最後の行ベクトルは，$0 = 1$ という式に対応し，不合理であるため，解をもたない．

以上をまとめると，次を得る．

定理 2.3.2
連立 1 次方程式 $A\boldsymbol{x} = \boldsymbol{b}$ が解をもつための必要十分条件は，
$\mathrm{rank}(A') = \mathrm{rank}(A)$ が成り立つことである．

問 2　次の連立 1 次方程式が解をもつかどうかを，拡大係数行列を簡約化することにより調べよ．

(1) $\begin{cases} 4x - 2y + 8z = -2 \\ -3x + 2y - 6z = 2 \\ x - 2y + 2z = -2 \end{cases}$　　(2) $\begin{cases} x + y + 2z - w = 3 \\ 5x + 5y + 4z - 5w = 3 \\ 7x + 7y + 4z - 7w = 2 \end{cases}$

次に，$A\boldsymbol{x} = \boldsymbol{b}$ が解をもつ場合，その解に含まれる任意定数の個数について考える．そのために，次の例題を考えよう．

例題 2　次の連立 1 次方程式を，拡大係数行列の行基本変形を用いて解け．

$$\begin{cases} x_1 - x_2 + x_3 + 2x_4 + x_5 = 5 \\ 4x_1 - 4x_2 + x_3 - x_4 + 10x_5 = -1 \\ 2x_1 - 2x_2 + x_3 + 5x_5 = 0 \end{cases}$$

解答　拡大係数行列は，

$$\left[\begin{array}{ccccc|c} 1 & -1 & 1 & 2 & 1 & 5 \\ 4 & -4 & 1 & -1 & 10 & -1 \\ 2 & -2 & 1 & 0 & 5 & 0 \end{array}\right]$$ であり，これを簡約化すると，

$$\left[\begin{array}{ccccc|c} 1 & -1 & 0 & 0 & 2 & 1 \\ 0 & 0 & 1 & 0 & 1 & -2 \\ 0 & 0 & 0 & 1 & -1 & 3 \end{array}\right]$$ となる (やってみよう)．

簡約化された行列に対応する連立 1 次方程式は，

$$\begin{cases} x_1 - x_2 + 2x_5 = 1 \\ x_3 + x_5 = -2 \\ x_4 - x_5 = 3 \end{cases}$$ である．

各式の先頭の文字を左辺に残し，その他を右辺に移項すると

$$\begin{cases} x_1 = x_2 - 2x_5 + 1 \\ x_3 = \quad\;\; - \;\; x_5 - 2 \\ x_4 = \qquad\quad x_5 + 3 \end{cases}$$ となる．

そこで，右辺に現れた文字 x_2, x_5 に対して $x_2 = c_1$，$x_5 = c_2$ とおくと，次の解を得る．

$$\begin{bmatrix} x_1 \\ x_2 \\ x_3 \\ x_4 \\ x_5 \end{bmatrix} = c_1 \begin{bmatrix} 1 \\ 1 \\ 0 \\ 0 \\ 0 \end{bmatrix} + c_2 \begin{bmatrix} -2 \\ 0 \\ -1 \\ 1 \\ 1 \end{bmatrix} + \begin{bmatrix} 1 \\ 0 \\ -2 \\ 3 \\ 0 \end{bmatrix} \quad (c_1, c_2 \text{ は任意定数})$$

■

例題2からわかるように，簡約化された行列に対応する連立1次方程式において，各式の先頭となる文字以外は任意定数となる．各式の先頭となる文字の個数は $\mathrm{rank}(A) = \mathrm{rank}(A')$ であることに注意すると次を得る．

定理 2.3.3

未知数の数が n 個の連立1次方程式 $A\boldsymbol{x} = \boldsymbol{b}$ が解をもつとき，その解に含まれる任意定数の個数は，$n - \mathrm{rank}(A)$ である．

注意　例題2では，$n = 5$, $\mathrm{rank}(A) = \mathrm{rank}(A') = 3$ であり，任意定数の数は $5 - 3 = 2$ となっている．

連立1次方程式の解がちょうど1組であることは，解に任意定数が含まれないということであり，任意定数の個数が0ということである．したがって，次の系を得る．

系 2.3.4

未知数の数が n 個の連立1次方程式 $A\boldsymbol{x} = \boldsymbol{b}$ がちょうど1組の解をもつための必要十分条件は，$\mathrm{rank}(A) = \mathrm{rank}(A') = n$ が成り立つことである．

問題 2.3

1. 次の行列の階数を求めよ．

(1) $\begin{bmatrix} 2 & 1 & -3 \\ 3 & 10 & -4 \\ 1 & 3 & -1 \end{bmatrix}$　(2) $\begin{bmatrix} 1 & -3 & -1 & 1 \\ 3 & -9 & -1 & 5 \\ -2 & 6 & 1 & -3 \end{bmatrix}$

(3) $\begin{bmatrix} 1 & 2 & -1 & -4 & 3 \\ 0 & 0 & 1 & 1 & -2 \\ 2 & 4 & 0 & -6 & 2 \\ -3 & -6 & 1 & 10 & -5 \end{bmatrix}$

2. 次の連立 1 次方程式が解をもつかどうか判定し，もつ場合は，解に含まれる任意定数の個数も求めよ．

(1) $\begin{cases} 3x - y - 7z = 5 \\ -2x + y + 5z = -4 \\ x + y - z = 2 \end{cases}$　(2) $\begin{cases} x + 2y + z - w = 0 \\ x + 2y - z - 3w = 2 \\ 2x + 4y + z - 3w = 1 \end{cases}$

3. 次の連立 1 次方程式が解をもつような a の値を求めよ．

$$\begin{cases} x - y + 3z = -3a \\ -2x + y - 5z = 5a \\ 4x - y + 9z = 2a^2 - 9a - 1 \end{cases}$$

4. 次の行列 A, B について，以下の問いに答えよ．

(1) 階数が 1 になるための，x, y に関する必要十分条件を求めよ．

(2) 階数が 2 になるための，x, y に関する必要十分条件を求め，xy 平面に図示せよ．

$$A = \begin{bmatrix} 1 & 1 & 1 \\ 2x & y-1 & 2x \\ -x & -x & y-4 \end{bmatrix}, \quad B = \begin{bmatrix} 1 & x^2 & -y^2 \\ x & y & -xy^2 \\ -xy & -x^3y & x - y + xy^3 \end{bmatrix}$$

2.4 正則行列と逆行列の求め方

本節では，正方行列を係数行列とする連立1次方程式について考察し，逆行列の求め方について学ぶ．

逆行列　A を n 次正方行列とする．n 次正方行列 B で $AB = BA = E$ となるものを A の**逆行列**といい，A^{-1} と書く．

序章で2次行列について学んだように，常に逆行列があるとは限らないので，次のような定義をする．

正則行列　逆行列をもつ正方行列を，**正則行列**という．

逆行列の定義は $AB = E$ と $BA = E$ の両方が成り立つことであるが，次の定理はどちらか一方でよいことを示している．証明は省略する．

定理 2.4.1
n 次正方行列 A, B に対して，$AB = E$ が成り立てば，$B = A^{-1}$ である．

この定理を用いて，次を示そう．

定理 2.4.2
A を n 次正方行列とする．どのような n 次列ベクトル $\boldsymbol{b}$ に対しても，連立1次方程式 $A\boldsymbol{x} = \boldsymbol{b}$ が，ただ1組の解をもつための必要十分条件は，A が正則となることである．

証明　(十分性) A が正則とする．A の逆行列 A^{-1} が存在するので，$A\boldsymbol{x} = \boldsymbol{b}$ の左から A^{-1} を掛けると，$\boldsymbol{x} = A^{-1}\boldsymbol{b}$ となり，解が1組に決まる．

(必要性) 次のような n 個の n 次列ベクトル

$$\boldsymbol{e}_1 = \begin{bmatrix} 1 \\ 0 \\ \vdots \\ 0 \end{bmatrix}, \ \boldsymbol{e}_2 = \begin{bmatrix} 0 \\ 1 \\ \vdots \\ 0 \end{bmatrix}, \ \cdots, \ \boldsymbol{e}_n = \begin{bmatrix} 0 \\ 0 \\ \vdots \\ 1 \end{bmatrix}$$

を考える．また各 $i = 1, 2, \cdots, n$ に対して，$A\boldsymbol{x} = \boldsymbol{e}_i$ という連立1次方程式を考え

る．仮定より各 i に対して，この連立 1 次方程式はただ 1 組の解をもつので，それを $\boldsymbol{c}_i$ とする．すなわち，$A\boldsymbol{c}_i = \boldsymbol{e}_i\ (i = 1, 2, \cdots, n)$ である．そこでこれらの解を並べた行列を $C = [\boldsymbol{c}_1, \boldsymbol{c}_2, \cdots, \boldsymbol{c}_n]$ とおく．このとき，

$$\begin{aligned} AC &= A[\boldsymbol{c}_1, \boldsymbol{c}_2, \cdots, \boldsymbol{c}_n] = [A\boldsymbol{c}_1, A\boldsymbol{c}_2, \cdots, A\boldsymbol{c}_n] \\ &= [\boldsymbol{e}_1, \boldsymbol{e}_2, \cdots, \boldsymbol{e}_n] = E \end{aligned}$$

より，$AC = E$ であり，定理 2.4.1 より $C = A^{-1}$ である．よって A は正則である．■

同次連立 1 次方程式　未知数の数を n 個とし，A を係数行列とする連立 1 次方程式 $A\boldsymbol{x} = \boldsymbol{b}$ において，$\boldsymbol{b} = \boldsymbol{0}$ という場合を考える．すなわち，次のような連立 1 次方程式である．

$$(*)\quad A\boldsymbol{x} = \boldsymbol{0}$$

これを**同次連立 1 次方程式**という．これは $x_1 = x_2 = \cdots = x_n = 0$ という解をもつことは明らかであり，これを**自明な解**という．しかし，それ以外の解をもつ可能性もあり，そのような解 (全部 0 とは限らない解) を，**自明でない解**という．定理 2.4.2 において $\boldsymbol{b} = \boldsymbol{0}$ とすると，次が成り立つ．

定理 2.4.3
A を n 次正方行列とする．同次連立 1 次方程式 $A\boldsymbol{x} = \boldsymbol{0}$ の解が，自明なものだけであるための必要十分条件は，A が正則となることである．

前節で学んだ行列の階数と正方行列の正則性については，次のような関係がある．

定理 2.4.4
n 次正方行列 A が正則であるための必要十分条件は，$\mathrm{rank}(A) = n$ となることである．

証明　(十分性) $\mathrm{rank}(A) = n$ とする．$A\boldsymbol{x} = \boldsymbol{0}$ という同次連立 1 次方程式を解くた

めに，拡大係数行列を行基本変形で簡約化すると，次のようになる．

$$\left[\begin{array}{c|c} A & \begin{matrix}0\\ \vdots\\ 0\end{matrix}\end{array}\right] \longrightarrow \left[\begin{array}{c|c} \begin{matrix}1 & \\ & \ddots \\ 0 & \end{matrix} & \begin{matrix}0\\ \vdots\\ 0\end{matrix}\end{array}\right]$$

いま $\mathrm{rank}(A) = n$ であり，簡約化された行列の対角線には1が n 個並ぶ．したがって，解は $x_1 = x_2 = \cdots = x_n = 0$ であり，定理2.4.3より，A は正則である．

(必要性) A が正則とする．$A\boldsymbol{x} = \boldsymbol{0}$ という同次連立1次方程式の解は，定理2.4.3より自明なものだけである．すなわち解はただ1組であり，解は任意定数を含まない．このとき系2.3.4より，$\mathrm{rank}(A) = n$ である．∎

注意　定理2.4.2, 定理2.4.3, 定理2.4.4は同じことの言い換えであり，これらの定理で述べられた条件はすべて同値である．

逆行列の計算　連立1次方程式の解法を用いて，n 次正方行列 A の逆行列を求めよう．いま，簡単のために $n = 3$ の場合を考る．与えられた行列を，

$$A = \begin{bmatrix} a_1 & a_2 & a_3 \\ b_1 & b_2 & b_3 \\ c_1 & c_2 & c_3 \end{bmatrix}$$

とし，その逆行列を

$$A^{-1} = \begin{bmatrix} x_1 & x_2 & x_3 \\ y_1 & y_2 & y_3 \\ z_1 & z_2 & z_3 \end{bmatrix}$$

とする．A から A^{-1} を求めるわけであるが，$AA^{-1} = E$ より，計算を実行すると次が成り立つ．

$$\begin{bmatrix} a_1x_1 + a_2y_1 + a_3z_1 & a_1x_2 + a_2y_2 + a_3z_2 & a_1x_3 + a_2y_3 + a_3z_3 \\ b_1x_1 + b_2y_1 + b_3z_1 & b_1x_2 + b_2y_2 + b_3z_2 & b_1x_3 + b_2y_3 + b_3z_3 \\ c_1x_1 + c_2y_1 + c_3z_1 & c_1x_2 + c_2y_2 + c_3z_2 & c_1x_3 + c_2y_3 + c_3z_3 \end{bmatrix}$$

$$= \begin{bmatrix} 1 & 0 & 0 \\ 0 & 1 & 0 \\ 0 & 0 & 1 \end{bmatrix}$$

ここで両辺の第 1 列に注目すると，$\begin{bmatrix} x_1 \\ y_1 \\ z_1 \end{bmatrix}$ は次のような連立 1 次方程式の解であることがわかる．

$$\begin{cases} a_1x + a_2y + a_3z = 1 \\ b_1x + b_2y + b_3z = 0 \\ c_1x + c_2y + c_3z = 0 \end{cases}$$

すなわち，$\boldsymbol{x} = \begin{bmatrix} x \\ y \\ z \end{bmatrix}$，$\boldsymbol{e}_1 = \begin{bmatrix} 1 \\ 0 \\ 0 \end{bmatrix}$ とおいたときの連立 1 次方程式 $A\boldsymbol{x} = \boldsymbol{e}_1$ の解である．

同様に第 2 列，第 3 列に注目すると，$\begin{bmatrix} x_2 \\ y_2 \\ z_2 \end{bmatrix}$ および $\begin{bmatrix} x_3 \\ y_3 \\ z_3 \end{bmatrix}$ は，$\boldsymbol{e}_2 = \begin{bmatrix} 0 \\ 1 \\ 0 \end{bmatrix}$，$\boldsymbol{e}_3 = \begin{bmatrix} 0 \\ 0 \\ 1 \end{bmatrix}$ とおいたときの連立 1 次方程式 $A\boldsymbol{x} = \boldsymbol{e}_2$ および $A\boldsymbol{x} = \boldsymbol{e}_3$ の解である．

したがって，これらの連立 1 次方程式を解くことが逆行列を求めることであり，それは行基本変形で求めることができる．さらに，これらの係数行列は同じ A であり，3 つの拡大係数行列 $[A|\boldsymbol{e}_1]$，$[A|\boldsymbol{e}_2]$，$[A|\boldsymbol{e}_3]$ を並べて同時に解くことができる．

すなわち，$[A|\boldsymbol{e}_1, \boldsymbol{e}_2, \boldsymbol{e}_3] = [A|E]$ を簡約化し，得られた解が逆行列の成分となる．以上をまとめると次を得る．

定理 2.4.5 (逆行列の求め方)
A を n 次正方行列，E を n 次単位行列とする．$[A|E]$ が行基本変形で $[E|B]$ と簡約化されるならば，$B = A^{-1}$ である．また，このように簡

約化されないならば，A は逆行列をもたない．

例題 1　$A = \begin{bmatrix} 1 & 1 & 2 \\ 2 & 3 & 1 \\ 1 & 2 & 1 \end{bmatrix}$ の逆行列を求めよ．

解答

$$\left[\begin{array}{ccc|ccc} 1 & 1 & 2 & 1 & 0 & 0 \\ 2 & 3 & 1 & 0 & 1 & 0 \\ 1 & 2 & 1 & 0 & 0 & 1 \end{array}\right]$$

第1行の -2 倍と -1 倍を，それぞれ第2行と第3行に加える．

$$\left[\begin{array}{ccc|ccc} 1 & 1 & 2 & 1 & 0 & 0 \\ 0 & 1 & -3 & -2 & 1 & 0 \\ 0 & 1 & -1 & -1 & 0 & 1 \end{array}\right]$$

第2行の -1 倍を，第1行と第3行に加える．

$$\left[\begin{array}{ccc|ccc} 1 & 0 & 5 & 3 & -1 & 0 \\ 0 & 1 & -3 & -2 & 1 & 0 \\ 0 & 0 & 2 & 1 & -1 & 1 \end{array}\right]$$

第3行を $\frac{1}{2}$ 倍する．

$$\left[\begin{array}{ccc|ccc} 1 & 0 & 5 & 3 & -1 & 0 \\ 0 & 1 & -3 & -2 & 1 & 0 \\ 0 & 0 & 1 & \frac{1}{2} & -\frac{1}{2} & \frac{1}{2} \end{array}\right]$$

第3行の3倍と -5 倍を，それぞれ第2行と第1行に加える．

$$\left[\begin{array}{ccc|ccc} 1 & 0 & 0 & \frac{1}{2} & \frac{3}{2} & -\frac{5}{2} \\ 0 & 1 & 0 & -\frac{1}{2} & -\frac{1}{2} & \frac{3}{2} \\ 0 & 0 & 1 & \frac{1}{2} & -\frac{1}{2} & \frac{1}{2} \end{array}\right]$$

右側に現れた行列が A の逆行列である．

すなわち，$A^{-1} = \dfrac{1}{2}\begin{bmatrix} 1 & 3 & -5 \\ -1 & -1 & 3 \\ 1 & -1 & 1 \end{bmatrix}$ である．　∎

問 1　次の行列の逆行列を求めよ．

(1) $A = \begin{bmatrix} 1 & 0 & 2 \\ 2 & 1 & 3 \\ 1 & 2 & 1 \end{bmatrix}$　　(2) $B = \begin{bmatrix} 0 & 1 & -3 \\ 1 & -1 & 5 \\ -1 & -2 & 4 \end{bmatrix}$

問題 2.4

1. 次の行列の逆行列を求めよ．

(1) $A = \begin{bmatrix} 1 & -2 & -1 \\ 2 & 0 & -1 \\ -1 & -1 & 0 \end{bmatrix}$　(2) $B = \begin{bmatrix} 1 & 2 & -3 \\ 3 & 0 & -2 \\ -4 & -1 & 3 \end{bmatrix}$

(3) $C = \begin{bmatrix} 2 & 1 & -3 \\ -1 & 1 & 2 \\ 3 & 0 & -5 \end{bmatrix}$　(4) $D = \begin{bmatrix} 1 & 0 & 0 & -5 \\ 0 & 1 & 0 & 4 \\ -1 & 0 & 1 & 0 \\ 1 & 1 & 0 & 0 \end{bmatrix}$

2. 次の連立 1 次方程式を，逆行列を用いて解け．

(1) $\begin{cases} x - 2y - 4z = 1 \\ -3x + y - z = -2 \\ x + z = 4 \end{cases}$　(2) $\begin{cases} x + 3y - z = 1 \\ 3x + 10y - 4z = -2 \\ 2x + 5y - 3z = 0 \end{cases}$

3. 次の行列の逆行列を求めよ．

$$A = \begin{bmatrix} 1 & 1 & 2a-1 \\ 2 & 1 & 2a-1 \\ -1 & 1 & 4a-2 \end{bmatrix}$$

4. n 次正方行列 A を，$A^m = O$ となる巾零行列とする．このとき，$(E-A)(E+A+A^2+\cdots+A^{m-1})$ を求め，$E-A$ の逆行列を求めよ．また，$E+A$ の逆行列を求めよ．

5. A, B を n 次正方行列とする．このとき次を示せ．

(1) A が正則ならば，A^{-1} も正則で，$(A^{-1})^{-1} = A$.

(2) A が正則ならば，${}^tA$ も正則で，$({}^tA)^{-1} = {}^t(A^{-1})$.

(3) A, B が正則ならば，AB も正則で $(AB)^{-1} = B^{-1}A^{-1}$.

第3章　行列式

3.1　順列とその符号

順列　n 個の自然数 $\{1, 2, \cdots, n\}$ を 任意に並べたものを，**順列**という．

例 1　$n = 3$ のとき順列は，$(1,2,3)$，$(1,3,2)$，$(2,1,3)$，$(2,3,1)$，$(3,1,2)$，$(3,2,1)$ の 6 通りである．

問 1　一般に n 個の自然数の順列は，全部で何通りあるか？

転倒と転倒数　順列 $(p_1, p_2, \cdots, p_n)$ において，p_i より前にあり，p_i より大きい数を，p_i の**転倒**という．また，転倒の個数の総和を**転倒数**という．

例 2　順列 $(3,5,1,4,2)$ において，

3 の転倒$\cdots$なし
5 の転倒$\cdots$なし
1 の転倒$\cdots$3, 5　　(転倒 2 個)
4 の転倒$\cdots$5　　(転倒 1 個)
2 の転倒$\cdots$3, 5, 4　　(転倒 3 個)

したがって，転倒数は $2+1+3=6$ である．

すなわち，小さい数から大きい数へと順番に並ぶ順列 $(1,2,\cdots,n)$ を基準として，転倒とは，その順番が逆転している数の組のことである．例 2 の順列では，1 に対して 3 と 5，4 に対して 5，2 に対して 3 と 5 と 4 という転倒がある．またその個数は，2 個，1 個，3 個より，転倒数は 6 である．

問 2　次の順列の転倒数を求めよ．
(1) $(2,1,4,5,3)$　　(2) $(3,2,1,5,4)$

順列の符号　順列 $(p_1, p_2, \cdots, p_n)$ に対して，転倒数が偶数のとき**偶順列**，奇数のとき**奇順列**という．このとき順列の符号 $\mathrm{sgn}(p_1, p_2, \cdots, p_n)$ を次のように定める．

$$\mathrm{sgn}(p_1, p_2, \cdots, p_n) = \begin{cases} 1 & (\text{偶順列のとき}) \\ -1 & (\text{奇順列のとき}) \end{cases}$$

例 3　例 2 の順列 $(3, 5, 1, 4, 2)$ は，転倒数が 6 より偶順列であり，符号は $\mathrm{sgn}(3, 5, 1, 4, 2) = 1$ である．

問 3　次の順列の符号を求めよ．
(1) $\mathrm{sgn}(3, 2, 4, 1)$　　(2) $\mathrm{sgn}(3, 1, 5, 4, 2)$　　(3) $\mathrm{sgn}(2, 6, 4, 5, 1, 3)$

互換　ある順列において，その中の 2 つの数だけを入れ換え，その他の数を動かさない操作を**互換**という．たとえば，$(3, 5, 1, 4, 2)$ において 5 と 4 の互換を施せば，$(3, 4, 1, 5, 2)$ となる．

定理 3.1.1
1 つの順列に互換を施すと，符号が変わる．すなわち，p_i と p_j を入れ換えた場合，以下が成り立つ．

$$\mathrm{sgn}(p_1, \cdots, p_i, \cdots, p_j, \cdots, p_n) = -\mathrm{sgn}(p_1, \cdots, p_j, \cdots, p_i, \cdots, p_n)$$

証明　はじめに $p_i < p_j$ の場合を考える．p_i と p_j が入れ換わることにより転倒に変化が生じるのは，p_i と p_j の間に位置する数のみである．しかもその中で，p_i より大きく p_j より小さい数のみの転倒が変化する．そこでそのような数が m 個あるとする．

$$(p_1, \cdots, p_i, \underbrace{\cdots,}_{\uparrow} p_j, \cdots, p_n)$$

p_i より大きくて p_j より小さい数がこの中に m 個ある

このとき，互換によって p_i の転倒が m 個増加する．また，p_j はそれら m 個の数の転倒となる．さらに p_j が p_i の転倒となる．したがって，転倒の個数は $2m + 1$ 個増加するため，奇順列は偶順列に，偶順列は奇順列となる．すなわち，符号が変わる．

$p_i > p_j$ のとき．p_i と p_j を入れ換えた順列 $(p_1, \cdots, p_j, \cdots, p_i, \cdots, p_n)$ は，$p_j < p_i$ である．したがって，前半の議論の逆を考えると，p_i と p_j を入れ換えることにより，転倒数は $2m + 1$ 個減少する．すなわち，符号が変わる．

定理 3.1.2

$n > 1$ のとき，偶順列と奇順列はそれぞれ $\dfrac{n!}{2}$ 個ずつある．

証明　n の順列全体の中で，偶順列が k 個，奇順列が ℓ 個あるとすると，$k+\ell=n!$ である．各偶順列においてはじめの2つの数を入れ換えると，定理 3.1.1 より，すべて奇順列となる．したがって，奇順列が k 個得られるので，$k \leqq \ell$ である．同様の考察で $k \geqq \ell$ である．したがって，$k=\ell=\dfrac{n!}{2}$ を得る．

例 4　どのような順列も，互換を何度か施すことにより，$(1, 2, \cdots, n)$ という基準の順列にすることができる．

たとえば，$(3, 1, 5, 4, 2) \to (1, 3, 5, 4, 2) \to (1, 3, 5, 2, 4) \to (1, 3, 2, 5, 4) \to (1, 2, 3, 5, 4) \to (1, 2, 3, 4, 5)$ である．

問 4　$(4, 2, 5, 1, 3)$ に互換を何度か施して，$(1, 2, 3, 4, 5)$ にせよ．

定理 3.1.3

順列 $(p_1, p_2, \cdots, p_n)$ が，k 回の互換で $(1, 2, \cdots, n)$ となったとすると，$\mathrm{sgn}(p_1, p_2, \cdots, p_n) = (-1)^k$ である．

証明　定理 3.1.1 より，1回の互換で符号は (-1) だけ変わるので，k 回の互換では $(-1)^k$ 変わる．しかも $\mathrm{sgn}(1, 2, \cdots, n) = 1$ である．したがって，$\mathrm{sgn}(p_1, p_2, \cdots, p_n) = (-1)^k \mathrm{sgn}(1, 2, \cdots, n) = (-1)^k$ となる．

転置順列　順列 $(p_1, p_2, \cdots, p_n)$ に対して，第1成分を $(p_1, p_2, \cdots, p_n)$ とし，第2成分を $(1, 2, \cdots, n)$ とする次のような順列の組を考える．

$$\begin{pmatrix} p_1 & p_2 & \cdots & p_n \\ 1 & 2 & \cdots & n \end{pmatrix} \cdots ①$$

次に，第1成分が $(1, 2, \cdots, n)$ になるように並べ換え，第2成分も連動して次のようになったとする．

$$\begin{pmatrix} 1 & 2 & \cdots & n \\ q_1 & q_2 & \cdots & q_n \end{pmatrix} \cdots ②$$

このとき，第2成分に現れた順列 $(q_1, q_2, \cdots, q_n)$ を，$(p_1, p_2, \cdots, p_n)$ の**転置順列**という．

例題 1 $(3, 5, 2, 4, 1)$ の転置順列を求めよ．

解答 $(3, 5, 2, 4, 1)$ に対して，① の組を作ると，

$$\begin{pmatrix} 3 & 5 & 2 & 4 & 1 \\ 1 & 2 & 3 & 4 & 5 \end{pmatrix} \cdots ①$$

となる．第1成分を $(1, 2, 3, 4, 5)$ とすると，

$$\begin{pmatrix} 1 & 2 & 3 & 4 & 5 \\ 5 & 3 & 1 & 4 & 2 \end{pmatrix} \cdots ②$$

を得る．したがって，$(3, 5, 2, 4, 1)$ の転置順列は，$(5, 3, 1, 4, 2)$ である． ∎

問 5 次の順列の転置順列を求めよ．
(1) $(3, 1, 5, 2, 4)$ (2) $(4, 3, 6, 1, 5, 2)$ (3) $(2, 4, 1, 6, 3, 5)$

定理 3.1.4
与えられた順列とその転置順列の符号は等しい．すなわち，次が成り立つ．

$$\mathrm{sgn}(p_1, p_2, \cdots, p_n) = \mathrm{sgn}(q_1, q_2, \cdots, q_n)$$

証明 $(p_1, p_2, \cdots, p_n)$ に k 回互換を行って $(1, 2, \cdots, n)$ になったとすると，定理 3.1.3 より，$\mathrm{sgn}(p_1, p_2, \cdots, p_n) = (-1)^k$ である．これは転置順列の定義により，$(1, 2, \cdots, n)$ に k 回互換を行うことによって，$(q_1, q_2, \cdots, q_n)$ が得られることを意味する．このことを逆に考えると，$(q_1, q_2, \cdots, q_n)$ に k 回互換を行うことにより $(1, 2, \cdots, n)$ が得られることになる．したがって，定理 3.1.3 より，$\mathrm{sgn}(q_1, q_2, \cdots, q_n) = (-1)^k$ であり，両者の符号は一致する． ∎

問題 3.1

1. 次の順列の転倒数と符号を求めよ．

(1) $(3,1,4,2,5)$　(2) $(2,6,4,1,5,3)$　(3) $(4,3,7,1,2,5,6)$
(4) $(6,5,8,1,2,7,4,3)$

2. 次の順列の転置順列を求めよ．

(1) $(3,1,4,2,5)$　(2) $(2,6,4,1,5,3)$　(3) $(5,2,6,4,1,3)$

3. 例1で書き並べた $n=3$ のときの順列の符号をすべて求めよ．

4. $n=4$ のときの順列をすべて書き並べ，その符号を求めよ．

5. 順列 $(n,n-1,n-2,\cdots,2,1)$ の符号を求めよ．

6. ある順列 $(p_1,p_2,\cdots,p_n)$ を何度かの互換で $(1,2,\cdots,n)$ にする場合，その方法はたくさんあるが，互換の回数については，常に偶数回であるか，または奇数回であるかのどちらかが成り立つことを示せ．

7. 縦棒が9本のあみだくじを考える．各棒の上に $1,2,3,\cdots,9$ という数字を書き，横棒を適当に引いてあみだくじを実行すると，棒の下に9個の数字の順列が現れる．では逆に，図のように棒の下に9個の数字の順列が与えられたとき，横棒を引いて，あみだくじを完成させるにはどうしたらよいであろうか？　一般に，縦棒が n 本のあみだくじにおいて，各棒の上に $1,2,3,\cdots,n$ という数字が書かれ，棒の下に n 個の数字の順列が与えられたとき，どのように横棒を引けばそのあみだくじを完成させることができるであろうか？　よい方法を考えよ．

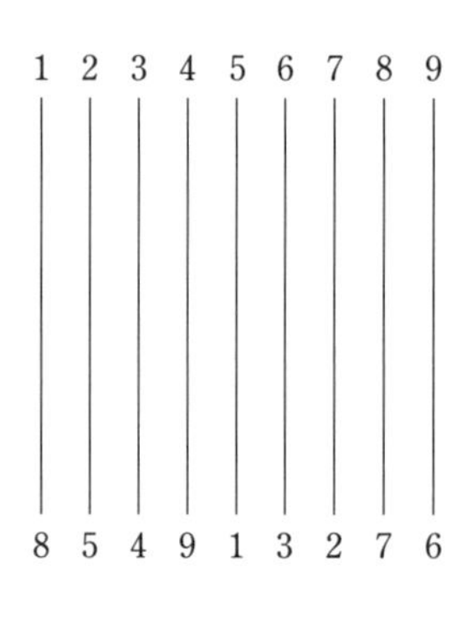

ヒント：横棒を1本引くことは，隣り合った数字を入れ換えることに対応する．また，順列における各数の転倒の個数に注目せよ．

3.2　行列式の定義

行列式　$A = [a_{ij}]$ を, n 次正方行列とする．A の各行から 1 つずつ異なる列に属する成分 $a_{1p_1}, a_{2p_2}, \cdots, a_{np_n}$ を選び，それらの積に符号 $\mathrm{sgn}(p_1, p_2, \cdots, p_n)$ を掛けた値

$$\mathrm{sgn}(p_1, p_2, \cdots, p_n)a_{1p_1}a_{2p_2}\cdots a_{np_n}$$

を考える．そして，$(p_1, p_2, \cdots, p_n)$ のすべての順列に渡ってこれらを足し合わせた値を A の**行列式** (determinant) といい，$|A|$ または $\det(A)$ と書く．

総和記号を用いた式で表現すると，次のようになる．

$$|A| = \sum_{(p_1, p_2, \cdots, p_n)} \mathrm{sgn}(p_1, p_2, \cdots, p_n)a_{1p_1}a_{2p_2}\cdots a_{np_n}$$

ただし $\sum$ は，$(p_1, p_2, \cdots, p_n)$ の順列すべてに渡る和である．したがって，$n!$ 個の項がある．

2 次の行列式

$$\begin{vmatrix} a_{11} & a_{12} \\ a_{21} & a_{22} \end{vmatrix} = \mathrm{sgn}(1, 2)a_{11}a_{22} + \mathrm{sgn}(2, 1)a_{12}a_{21} = a_{11}a_{22} - a_{12}a_{21}$$

より，

$$\begin{vmatrix} a & b \\ c & d \end{vmatrix} = ad - bc$$

3 次の行列式

$$\begin{aligned}
\begin{vmatrix} a_{11} & a_{12} & a_{13} \\ a_{21} & a_{22} & a_{23} \\ a_{31} & a_{32} & a_{33} \end{vmatrix}
&= \mathrm{sgn}(1, 2, 3)a_{11}a_{22}a_{33} + \mathrm{sgn}(1, 3, 2)a_{11}a_{23}a_{32} \\
&\quad + \mathrm{sgn}(2, 1, 3)a_{12}a_{21}a_{33} + \mathrm{sgn}(2, 3, 1)a_{12}a_{23}a_{31} \\
&\quad + \mathrm{sgn}(3, 1, 2)a_{13}a_{21}a_{32} + \mathrm{sgn}(3, 2, 1)a_{13}a_{22}a_{31}
\end{aligned}$$

$$= a_{11}a_{22}a_{33} + a_{12}a_{23}a_{31} + a_{13}a_{21}a_{32}$$
$$- a_{11}a_{23}a_{32} - a_{12}a_{21}a_{33} - a_{13}a_{22}a_{31}$$

サラスの方法　上記の計算例からわかるように，2 次および 3 次行列の行列式は,右下がりの成分の積を (+) とし,右上がりの成分の積を (−) として足し合わせた値となっている．これを**サラスの方法**という．ただし 4 次以上の行列の行列式には，この方法は使えない．

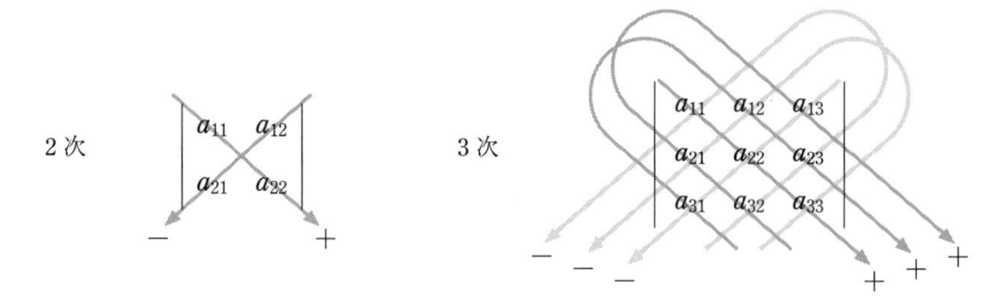

図 3.1　サラスの方法

問 1　次の行列式の値を求めよ．

(1) $\begin{vmatrix} 5 & -2 \\ 8 & 3 \end{vmatrix}$　　(2) $\begin{vmatrix} 9 & -11 \\ -8 & 9 \end{vmatrix}$

(3) $\begin{vmatrix} 2 & 1 & -2 \\ -1 & 5 & 0 \\ 3 & 7 & 1 \end{vmatrix}$　　(4) $\begin{vmatrix} -3 & 3 & -2 \\ 5 & 1 & 8 \\ 4 & -1 & 5 \end{vmatrix}$

定理 3.2.1

正方行列 A の行列式と，その転置行列 ${}^tA$ の行列式は等しい．
すなわち，$|{}^tA| = |A|$ である．

証明　$A = [a_{ij}]$, ${}^tA = [b_{ij}]$ とおくと，$b_{ji} = a_{ij}$ である．このとき，行列式の定義より，

$$|{}^tA| = \sum_{(p_1,p_2,\cdots,p_n)} \mathrm{sgn}(p_1, p_2, \cdots, p_n) b_{1p_1} b_{2p_2} \cdots b_{np_n}$$

$$= \sum_{(p_1,p_2,\cdots,p_n)} \mathrm{sgn}(p_1,p_2,\cdots,p_n)a_{p_1 1}a_{p_2 2}\cdots a_{p_n n} \quad \cdots \text{①}$$

である．この ① において，$a_{p_1 1}, a_{p_2 2}, \cdots, a_{p_n n}$ の順番を，添え字の第 1 成分が $(1,2,\cdots,n)$ となるように並べ換えて，$a_{1q_1}, a_{2q_2}, \cdots, a_{nq_n}$ とする．このとき，$(q_1,q_2,\cdots,q_n)$ は $(p_1,p_2,\cdots,p_n)$ の転置順列であり，定理 3.1.4 より $\mathrm{sgn}(p_1,p_2,\cdots,p_n) = \mathrm{sgn}(q_1,q_2,\cdots,q_n)$ である．しかも $(p_1,p_2,\cdots,p_n)$ がすべての順列を動くとき，$(q_1,q_2,\cdots,q_n)$ もすべての順列を動く．したがって，

$$\text{①} = \sum_{(q_1,q_2,\cdots,q_n)} \mathrm{sgn}(q_1,q_2,\cdots,q_n)a_{1q_1}a_{2q_2}\cdots a_{nq_n} = |A|$$

より，$|{}^tA| = |A|$ が示された．∎

注意 上記の定理より，行列式の定義は，行と列を入れ換えた，つぎの式としてもよいことがわかる．

$$|A| = \sum_{(p_1,p_2,\cdots,p_n)} \mathrm{sgn}(p_1,p_2,\cdots,p_n)a_{p_1 1}a_{p_2 2}\cdots a_{p_n n}$$

定理 3.2.2

(1) $$\begin{vmatrix} a_{11} & a_{12} & \cdots & a_{1n} \\ 0 & a_{22} & \cdots & a_{2n} \\ \vdots & \vdots & \ddots & \vdots \\ 0 & a_{n2} & \cdots & a_{nn} \end{vmatrix} = a_{11}\begin{vmatrix} a_{22} & \cdots & a_{2n} \\ \vdots & \ddots & \vdots \\ a_{n2} & \cdots & a_{nn} \end{vmatrix}$$

(2) $$\begin{vmatrix} a_{11} & 0 & \cdots & 0 \\ a_{21} & a_{22} & \cdots & a_{2n} \\ \vdots & \vdots & \ddots & \vdots \\ a_{n1} & a_{n2} & \cdots & a_{nn} \end{vmatrix} = a_{11}\begin{vmatrix} a_{22} & \cdots & a_{2n} \\ \vdots & \ddots & \vdots \\ a_{n2} & \cdots & a_{nn} \end{vmatrix}$$

証明 (1) 行列式の定義に従い，左辺の行列式は，

$$\sum_{(p_1,p_2,\cdots,p_n)} \mathrm{sgn}(p_1,p_2,\cdots,p_n)a_{1p_1}a_{2p_2}\cdots a_{np_n}$$

である．ここで，$p_1 \neq 1$ ならば，ある $i \neq 1$ において $p_i = 1$ より $a_{ip_i} = a_{i1} = 0$ となり，このとき $a_{1p_1}a_{2p_2}\cdots a_{np_n} = 0$ である．したがって，残るのは $p_1 = 1$ のときだ

けとなり，上記の式は，

$$\sum_{(1,p_2,\cdots,p_n)} \mathrm{sgn}(1,p_2,\cdots,p_n)a_{11}a_{2p_2}\cdots a_{np_n}$$
$$= a_{11}\sum_{(p_2,\cdots,p_n)} \mathrm{sgn}(p_2,\cdots,p_n)a_{2p_2}\cdots a_{np_n}$$

となる．これは行列式の定義より次のように記述され，右辺の式に一致する．

$$a_{11}\begin{vmatrix} a_{22} & \cdots & a_{2n} \\ \vdots & \ddots & \vdots \\ a_{2n} & \cdots & a_{nn} \end{vmatrix}$$

(2) 定理 3.2.1 と上記 (1) より従う． ∎

例 1　定理 3.2.2 より，対角行列の行列式は対角成分の積であることがわかる．したがって，単位行列の行列式は 1 である．すなわち，

$$\begin{vmatrix} a_{11} & & & 0 \\ & a_{22} & & \\ & & \ddots & \\ 0 & & & a_{nn} \end{vmatrix} = a_{11}a_{22}\cdots a_{nn} \quad \text{特に} \quad |E| = 1$$ ∎

A を正方行列とし，その列ベクトル表示 $A = [\boldsymbol{a}_1, \boldsymbol{a}_2, \cdots, \boldsymbol{a}_n]$ を思い出そう．A の行列式は $|A| = \det(A)$ と書かれるので，列ベクトル表示を用いると $|A| = \det[\boldsymbol{a}_1, \boldsymbol{a}_2, \cdots, \boldsymbol{a}_n]$ と書くことができる．

定理 3.2.3

(1) 行列のある列を k 倍すると，行列式は k 倍になる．すなわち，

$$\det[\boldsymbol{a}_1, \cdots, k\boldsymbol{a}_j, \cdots, \boldsymbol{a}_n] = k\det[\boldsymbol{a}_1, \cdots, \boldsymbol{a}_j, \cdots, \boldsymbol{a}_n]$$

(2) 行列のある列が 2 つの列ベクトルの和になっていれば，行列式はそれぞれ 1 つを採用した行列式の和になる．すなわち，

$$\det[\boldsymbol{a}_1, \cdots, \boldsymbol{b}_j + \boldsymbol{c}_j, \cdots, \boldsymbol{a}_n]$$
$$= \det[\boldsymbol{a}_1, \cdots, \boldsymbol{b}_j, \cdots, \boldsymbol{a}_n] + \det[\boldsymbol{a}_1, \cdots, \boldsymbol{c}_j, \cdots, \boldsymbol{a}_n]$$

(3) 上記 (1), (2) において，列を行に置き換えても，同様の性質が成り立つ．

証明 (1) 定理 3.2.1 とその後の注意より，行と列を入れ換えた行列式の定義を用いると，

$$\text{左辺} = \sum_{(p_1,p_2,\cdots,p_n)} \operatorname{sgn}(p_1,p_2,\cdots,p_n)a_{p_1 1}\cdots(ka_{p_j j})\cdots a_{p_n n}$$

$$= k\sum_{(p_1,p_2,\cdots,p_n)} \operatorname{sgn}(p_1,p_2,\cdots,p_n)a_{p_1 1}\cdots a_{p_j j}\cdots a_{p_n n} = \text{右辺}$$

(2) (1) と同様に，行と列を入れ換えた行列式の定義を用いると，

$$\text{左辺} = \sum_{(p_1,p_2,\cdots,p_n)} \operatorname{sgn}(p_1,p_2,\cdots,p_n)a_{p_1 1}\cdots(b_{p_j j}+c_{p_j j})\cdots a_{p_n n}$$

$$= \sum_{(p_1,p_2,\cdots,p_n)} \operatorname{sgn}(p_1,p_2,\cdots,p_n)a_{p_1 1}\cdots b_{p_j j}\cdots a_{p_n n}$$

$$+ \sum_{(p_1,p_2,\cdots,p_n)} \operatorname{sgn}(p_1,p_2,\cdots,p_n)a_{p_1 1}\cdots c_{p_j j}\cdots a_{p_n n} = \text{右辺}$$

(3) 定理 3.2.1 と，上記 (1), (2) より従う． ∎

定理 3.2.4

(1) 行列のある 2 つの列を入れ換えると，行列式は符号が変わる．すなわち，

$$\det[\boldsymbol{a}_1,\cdots,\boldsymbol{a}_i,\cdots,\boldsymbol{a}_j,\cdots,\boldsymbol{a}_n] = -\det[\boldsymbol{a}_1,\cdots,\boldsymbol{a}_j,\cdots,\boldsymbol{a}_i,\cdots,\boldsymbol{a}_n]$$

(2) 上記 (1) において，列を行に置き換えても，同様の性質が成り立つ．

証明 (1) 定理 3.2.1 とその後の注意より，行と列を入れ換えた行列式の定義を用いると，

$$\text{左辺} = \sum \operatorname{sgn}(p_1,\cdots,p_i,\cdots,p_j,\cdots,p_n)a_{p_1 1}\cdots a_{p_i i}\cdots a_{p_j j}\cdots a_{p_n n}$$

ここで i 列と j 列を入れ換えると，定理 3.1.1 より，

$$= -\sum \operatorname{sgn}(p_1,\cdots,p_j,\cdots,p_i,\cdots,p_n)a_{p_1 1}\cdots a_{p_j j}\cdots a_{p_i i}\cdots a_{p_n n}$$

$$= -\det[\boldsymbol{a}_1,\cdots,\boldsymbol{a}_j,\cdots,\boldsymbol{a}_i,\cdots,\boldsymbol{a}_n] = \text{右辺}$$

(2) 定理 3.2.1 と上記 (1) より従う． ∎

問題 3.2

1. 次の行列式の値を，サラスの方法を用いて求めよ．

(1) $\begin{vmatrix} 3 & 1 \\ 2 & -4 \end{vmatrix}$　(2) $\begin{vmatrix} 4 & -7 \\ -2 & 5 \end{vmatrix}$　(3) $\begin{vmatrix} 1 & 0 & -2 \\ -2 & 4 & 1 \\ -1 & -2 & 3 \end{vmatrix}$

(4) $\begin{vmatrix} -1 & 7 & 4 \\ 2 & 4 & 6 \\ 0 & 9 & 7 \end{vmatrix}$　(5) $\begin{vmatrix} 1 & 4 & -2 \\ -1 & 3 & 0 \\ 2 & -4 & 1 \end{vmatrix}$

2. 次の行列式の値を，定理 3.2.2 および定理 3.2.4 を用いて求めよ．

(1) $\begin{vmatrix} -2 & 0 & 5 \\ -1 & 0 & 3 \\ 2 & 4 & 1 \end{vmatrix}$　(2) $\begin{vmatrix} 0 & 0 & -2 & 0 \\ 3 & 0 & 1 & 2 \\ 4 & 3 & 2 & -5 \\ -2 & 0 & 3 & 1 \end{vmatrix}$　(3) $\begin{vmatrix} 3 & 3 & 0 & 7 \\ 0 & -2 & 0 & 0 \\ 1 & 4 & 5 & 3 \\ 2 & 1 & 0 & 1 \end{vmatrix}$

(4) $\begin{vmatrix} 2 & 0 & -1 & 0 \\ 3 & 0 & 2 & 0 \\ 4 & 0 & 3 & 5 \\ -3 & 2 & 1 & 6 \end{vmatrix}$　(5) $\begin{vmatrix} 2 & 4 & 7 & -2 \\ 0 & 0 & -3 & 0 \\ -2 & 1 & 4 & 5 \\ 3 & 0 & 1 & 0 \end{vmatrix}$

3. A を n 次正方行列とするとき，次の等式を示せ．

$|kA| = k^n|A|$　ここで k は定数である．

4. A を n 次正方行列とするとき，次を示せ．

$$|-A| = \begin{cases} |A| & (n\text{ が偶数}) \\ -|A| & (n\text{ が奇数}) \end{cases}$$

5. A が 4 次正方行列で，$|A| = 5$ のとき，$|3\,{}^tA|$ を求めよ．

6. 例 1 より，対角行列の行列式は対角成分の積である．では，次の行列の行列式はどのように記述されるか？

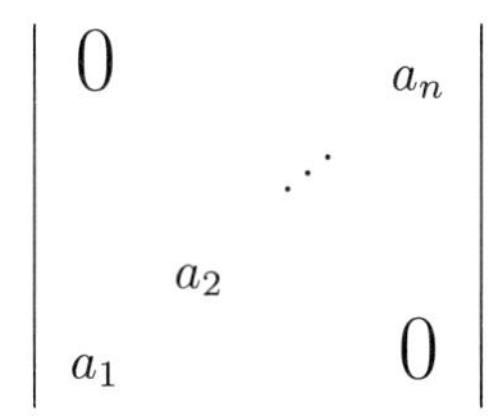

7. 定理 3.2.2(2) を，定理 3.2.1 と定理 3.2.2(1) を用いて示せ.

8. 定理 3.2.4(2) を，定理 3.2.1 と定理 3.2.4(1) および行列の行ベクトル表示を用いて示せ.

3.3　行列式の性質

本節では，前節で学んだ行列式の性質をさらに深く調べていく．

命題 3.3.1

(1) 行列のある列が零ベクトルならば，行列式は0である．すなわち，

$$\det[\boldsymbol{a}_1, \cdots, \boldsymbol{0}, \cdots, \boldsymbol{a}_n] = 0$$

(2) 行列のある2つの列が同じベクトルならば，行列式は0である．すなわち，

$$\det[\boldsymbol{a}_1, \cdots, \boldsymbol{b}, \cdots, \boldsymbol{b}, \cdots, \boldsymbol{a}_n] = 0$$

(3) 上記 (1), (2) において，列を行に置き換えても，同様の性質が成り立つ．

証明　(1) $\boldsymbol{0} = 0\boldsymbol{0}$ であり，定理3.2.3(1) より，

$$\begin{aligned}\det[\boldsymbol{a}_1, \cdots, \boldsymbol{0}, \cdots, \boldsymbol{a}_n] &= \det[\boldsymbol{a}_1, \cdots, 0\boldsymbol{0}, \cdots, \boldsymbol{a}_n] \\ &= 0\det[\boldsymbol{a}_1, \cdots, \boldsymbol{0}, \cdots, \boldsymbol{a}_n] = 0\end{aligned}$$

(2) $\boldsymbol{b}$ と $\boldsymbol{b}$ を入れ換えると，定理3.2.4 より行列式は符号が変わるので，

$$\det[\boldsymbol{a}_1, \cdots, \boldsymbol{b}, \cdots, \boldsymbol{b}, \cdots, \boldsymbol{a}_n] = -\det[\boldsymbol{a}_1, \cdots, \boldsymbol{b}, \cdots, \boldsymbol{b}, \cdots, \boldsymbol{a}_n]$$

したがって，$\det[\boldsymbol{a}_1, \cdots, \boldsymbol{b}, \cdots, \boldsymbol{b}, \cdots, \boldsymbol{a}_n] = 0$

(3) 定理3.2.1 と上記 (1),(2) より従う．　∎

定理 3.3.2

(1) 行列のある列に他の列の k 倍を加えても，行列式は変わらない．すなわち，

$$\det[\boldsymbol{a}_1, \cdots, \boldsymbol{a}_i, \cdots, \boldsymbol{a}_j, \cdots, \boldsymbol{a}_n] = \det[\boldsymbol{a}_1, \cdots, \boldsymbol{a}_i + k\boldsymbol{a}_j, \cdots, \boldsymbol{a}_j, \cdots, \boldsymbol{a}_n]$$

(2) 上記 (1) において，列を行に置き換えても，同様の性質が成り立つ．

証明　(1) 右辺が左辺に等しいことを示す．

右辺 $= \det[\boldsymbol{a}_1, \cdots, \boldsymbol{a}_i + k\boldsymbol{a}_j, \cdots, \boldsymbol{a}_j, \cdots, \boldsymbol{a}_n]$

定理 3.2.3(2) より,

$$= \det[\boldsymbol{a}_1, \cdots, \boldsymbol{a}_i, \cdots, \boldsymbol{a}_j, \cdots, \boldsymbol{a}_n] + \det[\boldsymbol{a}_1, \cdots, k\boldsymbol{a}_j, \cdots, \boldsymbol{a}_j, \cdots, \boldsymbol{a}_n]$$

定理 3.2.3(1) より，第 2 項の k は前に出るので,

$$= \det[\boldsymbol{a}_1, \cdots, \boldsymbol{a}_i, \cdots, \boldsymbol{a}_j, \cdots, \boldsymbol{a}_n] + k\det[\boldsymbol{a}_1, \cdots, \boldsymbol{a}_j, \cdots, \boldsymbol{a}_j, \cdots, \boldsymbol{a}_n]$$

命題 3.3.1(2) より，第 2 項は 0 になるので,

$$= \det[\boldsymbol{a}_1, \cdots, \boldsymbol{a}_i, \cdots, \boldsymbol{a}_j, \cdots, \boldsymbol{a}_n] = \text{左辺}$$

(2) 定理 3.2.1 と上記 (1) より従う. ∎

例題 1 次の行列式 (1), (2) の値を求めよ.

$$(1)\ \begin{vmatrix} 2 & 3 & 1 \\ 2 & 2 & -3 \\ 0 & 1 & 3 \end{vmatrix} \qquad (2)\ \begin{vmatrix} 1 & 0 & 2 & -2 \\ 3 & 4 & 7 & 5 \\ 2 & 2 & 4 & -1 \\ 1 & 0 & 5 & -2 \end{vmatrix}$$

解答 (1) を 2 通りの方法で求める.

第 1 法.

$$\begin{vmatrix} 2 & 3 & 1 \\ 2 & 2 & -3 \\ 0 & 1 & 3 \end{vmatrix}$$

第 1 行の -1 倍を第 2 行に加える. (定理 3.3.2)

$$= \begin{vmatrix} 2 & 3 & 1 \\ 0 & -1 & -4 \\ 0 & 1 & 3 \end{vmatrix}$$

行列式の次数を 1 つ小さくする. (定理 3.2.2)

$$= 2\begin{vmatrix} -1 & -4 \\ 1 & 3 \end{vmatrix} = 2(-3+4) = 2$$

第 2 法.

$$\begin{vmatrix} 2 & 3 & 1 \\ 2 & 2 & -3 \\ 0 & 1 & 3 \end{vmatrix}$$

第 1 列と第 3 列を入れ換える. (定理 3.2.4)

$$= -\begin{vmatrix} 1 & 3 & 2 \\ -3 & 2 & 2 \\ 3 & 1 & 0 \end{vmatrix}$$

第 1 列の -3 倍と -2 倍をそれぞれ第 2 列と第 3 列に加える. (定理 3.3.2)

$$= -\begin{vmatrix} 1 & 0 & 0 \\ -3 & 11 & 8 \\ 3 & -8 & -6 \end{vmatrix}$$ 行列式の次数を1つ小さくする．(定理 3.2.2)

$$= -\begin{vmatrix} 11 & 8 \\ -8 & -6 \end{vmatrix} = -(-66+64) = 2$$

(2) $$\begin{vmatrix} 1 & 0 & 2 & -2 \\ 3 & 4 & 7 & 5 \\ 2 & 2 & 4 & -1 \\ 1 & 0 & 5 & -2 \end{vmatrix}$$ 第1行の -3 倍と -2 倍と -1 倍を，それぞれ第2行，第3行，第4行に加える．(定理 3.3.2)

$$= \begin{vmatrix} 1 & 0 & 2 & -2 \\ 0 & 4 & 1 & 11 \\ 0 & 2 & 0 & 3 \\ 0 & 0 & 3 & 0 \end{vmatrix}$$ 行列式の次数を1つ小さくする．(定理 3.2.2)

$$= \begin{vmatrix} 4 & 1 & 11 \\ 2 & 0 & 3 \\ 0 & 3 & 0 \end{vmatrix}$$ 第1列と第2列を入れ換える．(定理 3.2.4)

$$= -\begin{vmatrix} 1 & 4 & 11 \\ 0 & 2 & 3 \\ 3 & 0 & 0 \end{vmatrix}$$ 第1行の -3 倍を第3行に加える．(定理 3.3.2)

$$= -\begin{vmatrix} 1 & 4 & 11 \\ 0 & 2 & 3 \\ 0 & -12 & -33 \end{vmatrix}$$ 行列式の次数を1つ小さくする．(定理 3.2.2)

$$= -\begin{vmatrix} 2 & 3 \\ -12 & -33 \end{vmatrix} = -(-66+36) = 30$$

以上の方法により，どのような行列の行列式も計算することができる．

問1　次の行列式の値を求めよ．

(1) $\begin{vmatrix} 1 & 3 & 2 \\ 2 & 0 & 4 \\ 3 & 2 & 3 \end{vmatrix}$　(2) $\begin{vmatrix} 3 & 7 & 1 \\ -4 & 5 & 0 \\ 2 & 3 & -2 \end{vmatrix}$　(3) $\begin{vmatrix} 1 & -1 & 2 & 2 \\ 2 & -3 & -1 & 7 \\ -1 & 1 & -3 & 1 \\ 3 & 0 & 6 & 10 \end{vmatrix}$

行列の積の行列式については，以下が成り立つ．

定理 3.3.3

A, B をともに n 次正方行列とすると，積 AB の行列式は，それぞれの行列式の積に等しい．すなわち，次の等式が成り立つ．

$$\det(AB) = \det(A)\det(B) \quad \text{または} \quad |AB| = |A||B|$$

証明 簡単のために $n=3$ として証明するが，以下の議論において，3 を n に置き換えれば，すべて一般的に通用する証明である．

まず，以下のように A を列ベクトル表示，B を成分表示する．

$$A = [\boldsymbol{a}_1, \boldsymbol{a}_2, \boldsymbol{a}_3], \quad B = \begin{bmatrix} b_{11} & b_{12} & b_{13} \\ b_{21} & b_{22} & b_{23} \\ b_{31} & b_{32} & b_{33} \end{bmatrix}$$

このとき，

$\det(AB)$

$$= \det[\boldsymbol{a}_1 b_{11} + \boldsymbol{a}_2 b_{21} + \boldsymbol{a}_3 b_{31},\ \boldsymbol{a}_1 b_{12} + \boldsymbol{a}_2 b_{22} + \boldsymbol{a}_3 b_{32},\ \boldsymbol{a}_1 b_{13} + \boldsymbol{a}_2 b_{23} + \boldsymbol{a}_3 b_{33}]$$

ここで定理 3.2.3(2) を用いると，上記の行列式は，$3 \times 3 \times 3 = 27$ 個の行列式の和になる．しかし，$\boldsymbol{a}_1, \boldsymbol{a}_2, \boldsymbol{a}_3$ のうちで同じ列ベクトルがある場合は，命題 3.3.1(2) より 0 となるので，残るのは，異なるベクトルからなる行列の行列式のみであり，上記の式は，

$$= \sum_{(p_1, p_2, p_3)} \det[\boldsymbol{a}_{p_1}, \boldsymbol{a}_{p_2}, \boldsymbol{a}_{p_3}] b_{p_1 1} b_{p_2 2} b_{p_3 3}$$

となる．ただし，(p_1, p_2, p_3) は $(1, 2, 3)$ の順列全体であり，また，$b_{p_1 1} b_{p_2 2} b_{p_3 3}$ が $\det[\cdots]$ の外に出ているのは，定理 3.2.3(1) を用いている．

ここで，定理 3.1.1 と定理 3.2.4 より，

$$\det[\boldsymbol{a}_{p_1}, \boldsymbol{a}_{p_2}, \boldsymbol{a}_{p_3}] = \operatorname{sgn}(p_1, p_2, p_3) \det[\boldsymbol{a}_1,\ \boldsymbol{a}_2,\ \boldsymbol{a}_3]$$

が成り立つので，これを上記の式に代入すると，

$$= \sum_{(p_1, p_2, p_3)} \operatorname{sgn}(p_1, p_2, p_3) \det[\boldsymbol{a}_1, \boldsymbol{a}_2, \boldsymbol{a}_3] b_{p_1 1} b_{p_2 2} b_{p_3 3}$$

$$= \det[\boldsymbol{a}_1, \boldsymbol{a}_2, \boldsymbol{a}_3] \sum_{(p_1, p_2, p_3)} \operatorname{sgn}(p_1, p_2, p_3) b_{p_1 1} b_{p_2 2} b_{p_3 3}$$

となる．ここで，行と列を入れ換えた行列式の定義を思い出すと，

$$= \det[\boldsymbol{a}_1, \boldsymbol{a}_2, \boldsymbol{a}_3] \det[\boldsymbol{b}_1, \boldsymbol{b}_2, \boldsymbol{b}_3]$$

$= \det(A)\det(B)$

より，求める等式を得る．

問 2　$A = \begin{bmatrix} 2 & 3 \\ 1 & 5 \end{bmatrix}$，$B = \begin{bmatrix} 7 & -2 \\ 3 & 1 \end{bmatrix}$ とする．
以下の行列や行列式を実際に計算して，定理 3.3.3 を確認せよ．
(1) AB　　(2) $|AB|$　　(3) $|A|$　　(4) $|B|$

次の定理は，定理 3.2.2 の一般化であるが，証明は省略する．

定理 3.3.4
A を n 次正方行列，B を m 次正方行列とすると，次が成り立つ．

$$(1)\ \begin{vmatrix} A & O \\ C & B \end{vmatrix} = |A||B| \qquad (2)\ \begin{vmatrix} A & C \\ O & B \end{vmatrix} = |A||B|$$

問題 3.3

1.　次の行列式の値を求めよ．

$$(1)\ \begin{vmatrix} 1 & -4 & 3 \\ 0 & 3 & 2 \\ 2 & 3 & -1 \end{vmatrix} \qquad (2)\ \begin{vmatrix} -3 & 2 & 1 \\ 4 & -5 & 1 \\ 2 & -4 & 3 \end{vmatrix}$$

$$(3)\ \begin{vmatrix} 1 & -1 & 0 & -3 \\ 3 & -2 & 2 & 5 \\ 2 & 0 & -4 & 5 \\ -3 & 4 & 1 & 0 \end{vmatrix} \qquad (4)\ \begin{vmatrix} 3 & 1 & -2 & 4 \\ 3 & 2 & 0 & -5 \\ 0 & 2 & -3 & 1 \\ 3 & 3 & -1 & 2 \end{vmatrix}$$

2.　A, B を n 次正方行列とするとき，$|AB| = |BA|$ を示せ．

3.　A を n 次正方行列とする．${}^tAA = E$ ならば $|A| = \pm 1$ を示せ．

4.　A を正則な n 次正方行列とするとき，$|A^{-1}| = \dfrac{1}{|A|}$ を示せ．

5. A, B を n 次正方行列とする．$AB = kE$ $(k \neq 0)$ ならば，次が成り立つことを示せ．

$$|A| = \frac{k^n}{|B|}$$

6. 次の等式が成り立つことを確認せよ

$$\begin{bmatrix} 0 & a & b \\ a & 0 & c \\ b & c & 0 \end{bmatrix}\begin{bmatrix} 0 & a & b \\ a & 0 & c \\ b & c & 0 \end{bmatrix} = \begin{bmatrix} a^2+b^2 & bc & ac \\ bc & a^2+c^2 & ab \\ ac & ab & b^2+c^2 \end{bmatrix}$$

またこの等式を用いて，次の行列式を求めよ．

$$\begin{vmatrix} a^2+b^2 & bc & ac \\ bc & a^2+c^2 & ab \\ ac & ab & b^2+c^2 \end{vmatrix}$$

7. $\begin{vmatrix} a & b \\ b & a \end{vmatrix}\begin{vmatrix} c & d \\ d & c \end{vmatrix}$ を 2 通りの方法で計算することにより，次の等式を示せ．

$$(a^2 - b^2)(c^2 - d^2) = (ac + bd)^2 - (ad + bc)^2$$

8. A, B, C が n 次正方行列のとき，$\begin{vmatrix} A & B \\ C & O \end{vmatrix} = (-1)^n|B||C|$ を示せ．

9. A, B が n 次正方行列のとき，$\begin{vmatrix} A & B \\ B & A \end{vmatrix} = |A - B||A + B|$ を示せ．

3.4　余因子行列

小行列　n 次正方行列 $A = [a_{ij}]$ から，i 行と j 列を取り除いて得られる $n-1$ 次行列を，A_{ij} と書き，A の (i,j) **小行列**という．また，A_{ij} の行列式 $|A_{ij}|$ を，(i,j) **小行列式**という．

$$A_{ij} = \begin{bmatrix} a_{11} & \cdots & & \cdots & a_{1n} \\ \vdots & \ddots & & & \vdots \\ & & & & \\ \vdots & & & \ddots & \vdots \\ a_{n1} & \cdots & & \cdots & a_{nn} \end{bmatrix} \quad \leftarrow \quad i\text{行}$$

↑

j列

問 1　$A = \begin{bmatrix} 3 & 0 & 2 \\ 1 & 4 & -2 \\ 2 & -3 & 5 \end{bmatrix}$ のとき，A の小行列式 $|A_{ij}|$ をすべて求めよ．

定理 3.4.1

$A = [a_{ij}]$ を n 次正方行列とすると，次が成り立つ．

(1)　$|A| = a_{i1}(-1)^{i+1}|A_{i1}| + a_{i2}(-1)^{i+2}|A_{i2}| + \cdots + a_{in}(-1)^{i+n}|A_{in}|$

(2)　$|A| = a_{1j}(-1)^{1+j}|A_{1j}| + a_{2j}(-1)^{2+j}|A_{2j}| + \cdots + a_{nj}(-1)^{n+j}|A_{nj}|$

(1) を $|A|$ の i 行に関する展開，

(2) を $|A|$ の j 列に関する展開という．

証明　簡単のため，$n = 3$ とし，(2) における $j = 2$ 列に関する展開を示す．

$$|A| = \begin{vmatrix} a_{11} & a_{12} & a_{13} \\ a_{21} & a_{22} & a_{23} \\ a_{31} & a_{32} & a_{33} \end{vmatrix} = \begin{vmatrix} a_{11} & a_{12} + 0 + 0 & a_{13} \\ a_{21} & 0 + a_{22} + 0 & a_{23} \\ a_{31} & 0 + 0 + a_{32} & a_{33} \end{vmatrix}$$

$$= \begin{vmatrix} a_{11} & a_{12} & a_{13} \\ a_{21} & 0 & a_{23} \\ a_{31} & 0 & a_{33} \end{vmatrix} + \begin{vmatrix} a_{11} & 0 & a_{13} \\ a_{21} & a_{22} & a_{23} \\ a_{31} & 0 & a_{33} \end{vmatrix} + \begin{vmatrix} a_{11} & 0 & a_{13} \\ a_{21} & 0 & a_{23} \\ a_{31} & a_{32} & a_{33} \end{vmatrix}$$

$$= -\begin{vmatrix} a_{12} & a_{11} & a_{13} \\ 0 & a_{21} & a_{23} \\ 0 & a_{31} & a_{33} \end{vmatrix} - \begin{vmatrix} 0 & a_{11} & a_{13} \\ a_{22} & a_{21} & a_{23} \\ 0 & a_{31} & a_{33} \end{vmatrix} - \begin{vmatrix} 0 & a_{11} & a_{13} \\ 0 & a_{21} & a_{23} \\ a_{32} & a_{31} & a_{33} \end{vmatrix}$$

$$= -\begin{vmatrix} a_{12} & a_{11} & a_{13} \\ 0 & a_{21} & a_{23} \\ 0 & a_{31} & a_{33} \end{vmatrix} + \begin{vmatrix} a_{22} & a_{21} & a_{23} \\ 0 & a_{11} & a_{13} \\ 0 & a_{31} & a_{33} \end{vmatrix} - \begin{vmatrix} a_{32} & a_{31} & a_{33} \\ 0 & a_{11} & a_{13} \\ 0 & a_{21} & a_{23} \end{vmatrix}$$

$$= -\, a_{12}\begin{vmatrix} a_{21} & a_{23} \\ a_{31} & a_{33} \end{vmatrix} + a_{22}\begin{vmatrix} a_{11} & a_{13} \\ a_{31} & a_{33} \end{vmatrix} - a_{32}\begin{vmatrix} a_{11} & a_{13} \\ a_{21} & a_{23} \end{vmatrix}$$

$$= a_{12}(-1)^{1+2}\begin{vmatrix} a_{21} & a_{23} \\ a_{31} & a_{33} \end{vmatrix} + a_{22}(-1)^{2+2}\begin{vmatrix} a_{11} & a_{13} \\ a_{31} & a_{33} \end{vmatrix}$$

$$+ a_{32}(-1)^{3+2}\begin{vmatrix} a_{11} & a_{13} \\ a_{21} & a_{23} \end{vmatrix}$$

$$= a_{12}(-1)^{1+2}|A_{12}| + a_{22}(-1)^{2+2}|A_{22}| + a_{32}(-1)^{3+2}|A_{32}|$$

これで $n = 3, j = 2$ の場合が示された．一般の場合も同様に示される． ▮

例題 1　$A = \begin{bmatrix} 3 & 0 & 2 \\ 1 & 4 & -2 \\ 2 & -3 & 5 \end{bmatrix}$ のとき，$|A|$ を 2 行に関する展開で求めよ．

解答

$$|A| = a_{21}(-1)^{2+1}|A_{21}| + a_{22}(-1)^{2+2}|A_{22}| + a_{23}(-1)^{2+3}|A_{23}|$$

$$= -\begin{vmatrix} 0 & 2 \\ -3 & 5 \end{vmatrix} + 4\begin{vmatrix} 3 & 2 \\ 2 & 5 \end{vmatrix} - (-2)\begin{vmatrix} 3 & 0 \\ 2 & -3 \end{vmatrix}$$

$$= -(0+6) + 4(15-4) + 2(-9-0) = -6 + 44 - 18 = 20$$ ▮

問 2　A を例題 1 における行列とするとき，以下の問に答えよ．

(1) $|A|$ を 1 行に関する展開で求めよ．

(2) $|A|$ を 2 列に関する展開で求めよ．

(3) $|A|$ を 3 行に関する展開で求めよ．

定理 3.4.1 に関連して，次が成り立つ．証明は省略する．

定理 3.4.2
$A=[a_{ij}]$ を n 次正方行列とすると，次が成り立つ．
(1) $k \neq i$ のとき，

$$a_{i1}(-1)^{k+1}|A_{k1}|+a_{i2}(-1)^{k+2}|A_{k2}|+\cdots+a_{in}(-1)^{k+n}|A_{kn}|=0$$

(2) $\ell \neq j$ のとき，

$$a_{1j}(-1)^{1+\ell}|A_{1\ell}|+a_{2j}(-1)^{2+\ell}|A_{2\ell}|+\cdots+a_{nj}(-1)^{n+\ell}|A_{n\ell}|=0$$

注意　定理 3.4.1 と定理 3.4.2 を合わせると，定理 3.4.2 における (1) の式は $k=i$ のとき $|A|$ となり，$k \neq i$ のとき 0 となる．また (2) の式は $\ell = j$ のとき $|A|$ となり，$\ell \neq j$ のとき 0 となる．

余因子と余因子行列　$A=[a_{ij}]$ を n 次正方行列とする．次の式で定義される値 $\widetilde{a}_{ij}$ を，A の (i,j) **余因子**という．

$$\widetilde{a}_{ij}=(-1)^{i+j}|A_{ij}|$$

さらに，A の $\underline{(j,i)}$ 余因子 $\underline{\widetilde{a}_{ji}}$ を $\underline{(i,j)}$ 成分とする n 次正方行列を，A の**余因子行列**といい，$\widetilde{A}$ と書く．すなわち，$[\widetilde{a}_{ij}]$ を転置した行列であり，$n=3$ として成分表示すると，以下のようになる．

$$\widetilde{A}={}^t[\widetilde{a}_{ij}]=\begin{bmatrix}\widetilde{a}_{11} & \widetilde{a}_{21} & \widetilde{a}_{31}\\ \widetilde{a}_{12} & \widetilde{a}_{22} & \widetilde{a}_{32}\\ \widetilde{a}_{13} & \widetilde{a}_{23} & \widetilde{a}_{33}\end{bmatrix}$$

<u>添え字に注意！</u>

例題 2　$A=\begin{bmatrix}3 & 0 & 2\\ 1 & 4 & -2\\ 2 & -3 & 5\end{bmatrix}$ のとき，A の余因子行列 $\widetilde{A}$ を求めよ．

解答　問 1 で求めた小行列式 $|A_{ij}|$ に符号を掛けて，余因子を求め，規則にしたがって並べると，次の余因子行列を得る．

$$\widetilde{A} = \begin{bmatrix} 14 & -6 & -8 \\ -9 & 11 & 8 \\ -11 & 9 & 12 \end{bmatrix}$$

問 3　例題 2 で求めた余因子行列 $\widetilde{A}$ と，はじめの行列 A との積 $A\widetilde{A}$ を求めよ．

定理 3.4.3

A を n 次正方行列とし，$\widetilde{A}$ をその余因子行列とすると，次が成り立つ．

$$A\widetilde{A} = \widetilde{A}A = \begin{bmatrix} |A| & & & 0 \\ & |A| & & \\ & & \ddots & \\ 0 & & & |A| \end{bmatrix} = |A|E$$

証明　A の i 行は $[a_{i1}, a_{i2}, \cdots, a_{in}]$ であり，$\widetilde{A}$ の j 列は $\begin{bmatrix} \widetilde{a}_{j1} \\ \widetilde{a}_{j2} \\ \vdots \\ \widetilde{a}_{jn} \end{bmatrix}$ である．

このとき，

$$A\widetilde{A} \text{の} (i,j) \text{成分} = [a_{i1}, a_{i2}, \cdots, a_{in}] \begin{bmatrix} \widetilde{a}_{j1} \\ \widetilde{a}_{j2} \\ \vdots \\ \widetilde{a}_{jn} \end{bmatrix}$$

$$= a_{i1}\widetilde{a}_{j1} + a_{i2}\widetilde{a}_{j2} + \cdots + a_{in}\widetilde{a}_{jn}$$

$$= a_{i1}(-1)^{j+1}|A_{j1}| + a_{i2}(-1)^{j+2}|A_{j2}| + \cdots + a_{in}(-1)^{j+n}|A_{jn}|$$

となり，定理 3.4.1(1) と定理 3.4.2(1) より，この値は，$i = j$ のとき $|A|$ であり，$i \neq j$ のとき 0 である．

したがって，

$$A\widetilde{A} \text{の} (i,j) \text{成分} = \begin{cases} |A| & (i = j) \\ 0 & (i \neq j) \end{cases}$$

である．すなわち，

$$A\widetilde{A} = \begin{bmatrix} |A| & & & 0 \\ & |A| & & \\ & & \ddots & \\ 0 & & & |A| \end{bmatrix} = |A|E$$

また，$\widetilde{A}A$ についても，同様である．∎

定理 3.4.4

A を n 次正方行列とし，$\widetilde{A}$ をその余因子行列とする．A が逆行列をもつための必要十分条件は，$|A| \neq 0$ であり，このとき，次が成り立つ．

$$A^{-1} = \frac{1}{|A|}\widetilde{A}$$

証明　定理 3.4.3 より，$A\widetilde{A} = \widetilde{A}A = |A|E$.

$|A| \neq 0$ のとき，両辺を $|A|$ で割ると，

$$A\frac{1}{|A|}\widetilde{A} = \frac{1}{|A|}\widetilde{A}A = E \quad \text{より} \quad A^{-1} = \frac{1}{|A|}\widetilde{A} \quad \text{を得る．}$$

逆に A が逆行列をもてば，$AA^{-1} = E$ より $|A||A^{-1}| = 1$ であり (定理 3.3.3)，$|A| \neq 0$ である．∎

上記の定理 3.4.4 と定理 2.4.3 より，次の系を得る．

系 3.4.5

A を n 次正方行列とする．同次連立 1 次方程式 $A\boldsymbol{x} = \boldsymbol{0}$ の解が，自明なものだけであるための必要十分条件は，$|A| \neq 0$ である．

問題 3.4

1. 次の行列式の値を，各行および各列に関する展開で求めよ．

(1) $\begin{vmatrix} 2 & 1 & -2 \\ -1 & 5 & 0 \\ 3 & 7 & 1 \end{vmatrix}$ (2) $\begin{vmatrix} 1 & 0 & -2 \\ 3 & 4 & 0 \\ 2 & 6 & -3 \end{vmatrix}$

2. 次の行列式の値を展開で求めよ．特に，行列の次数が 3 次に落ちても展開で求めよ．なお，0 の多い行または列で展開すると計算が容易になる．

(1) $\begin{vmatrix} 1 & 3 & 2 & 0 \\ 3 & 2 & 0 & 4 \\ 2 & 0 & 0 & 3 \\ 1 & 0 & 1 & 2 \end{vmatrix}$ (2) $\begin{vmatrix} 1 & 4 & 3 & 0 \\ 3 & 0 & 1 & -2 \\ -1 & -3 & 0 & 5 \\ 2 & 0 & 2 & 1 \end{vmatrix}$

3. $A = \begin{bmatrix} 2 & 3 & 1 \\ -1 & 0 & 4 \\ 2 & 5 & 3 \end{bmatrix}$ とするとき，以下の問に答えよ．

(1) A の余因子をすべて求めよ．

(2) $\widetilde{A}$ を求めよ．

(3) $|A|$ を求めよ．

(4) A^{-1} を求めよ．

(5) $A^{-1}A = E$ を確認せよ．

4. A を n 次正方行列とする．$|A| \neq 0$ のとき，次の等式を示せ．

$$|\widetilde{A}| = |A|^{n-1}$$

5. A を 2 次交代行列とすると，$\widetilde{A}$ も交代行列であることを示せ．

6. A を 3 次交代行列とすると，$\widetilde{A}$ は対称行列であることを示せ．

7. A を n 次正方行列とする．A が対称行列ならば，$\widetilde{A}$ も対称行列であることを示せ．

3.5　クラメルの公式と特殊な形の行列式

次の連立1次方程式を考えよう．

$$\begin{cases} 3x + 5y - \ \ z = 12 \\ 2x - \ \ y + 3z = 25 \\ \ \ x + 2y - \ \ z = \ \ 0 \end{cases}$$

これは2.1節例題2で紹介した連立1次方程式であり，解は

$$\begin{cases} x = 3 \\ y = 2 \\ z = 7 \end{cases}$$

である．ここで，

$$A = \begin{bmatrix} 3 & 5 & -1 \\ 2 & -1 & 3 \\ 1 & 2 & -1 \end{bmatrix}, \ \boldsymbol{x} = \begin{bmatrix} x \\ y \\ z \end{bmatrix}, \ \boldsymbol{b} = \begin{bmatrix} 12 \\ 25 \\ 0 \end{bmatrix}$$

とおくと，上記の連立1次方程式は次のように書ける．

$$A\boldsymbol{x} = \boldsymbol{b}$$

いま，$j = 1, 2, 3$ に対して，A の第 j 列を $\boldsymbol{b}$ で置き換えた行列を D_j とおく．すなわち，

$$D_1 = \begin{bmatrix} 12 & 5 & -1 \\ 25 & -1 & 3 \\ 0 & 2 & -1 \end{bmatrix}, \ D_2 = \begin{bmatrix} 3 & 12 & -1 \\ 2 & 25 & 3 \\ 1 & 0 & -1 \end{bmatrix}, \ D_3 = \begin{bmatrix} 3 & 5 & 12 \\ 2 & -1 & 25 \\ 1 & 2 & 0 \end{bmatrix}$$

問1　$|A|$, $|D_1|$, $|D_2|$, $|D_3|$ を求めよ．また，これらの値と，連立1次方程式の解 $x = 3$, $y = 2$, $z = 7$ との関係を調べよ．

一般に，n 次正方行列 A を係数行列とする連立1次方程式 $A\boldsymbol{x} = \boldsymbol{b}$ を考え，A の第 j 列を $\boldsymbol{b}$ で置き換えた行列を D_j とすると，次が成り立つ．

定理 3.5.1 (クラメルの公式)
$|A| \neq 0$ とすると，連立 1 次方程式 $A\boldsymbol{x} = \boldsymbol{b}$ の解は，次で与えられる．

$$x_j = \frac{|D_j|}{|A|} \quad (j = 1, 2, \cdots, n)$$

証明　簡単のために $n = 3$, $j = 2$ として証明する．

$|A| \neq 0$ より，A^{-1} が存在し，$A^{-1} = \dfrac{1}{|A|}\widetilde{A}$ である．したがって，$A\boldsymbol{x} = \boldsymbol{b}$ の左から A^{-1} を掛けると，以下の等式を得る．

$$\boldsymbol{x} = \frac{1}{|A|}\widetilde{A}\boldsymbol{b}$$

ここで，上記の等式を成分を用いて表示すると，以下のようになる．

$$\begin{bmatrix} x_1 \\ x_2 \\ x_3 \end{bmatrix} = \frac{1}{|A|}\begin{bmatrix} \widetilde{a}_{11} & \widetilde{a}_{21} & \widetilde{a}_{31} \\ \widetilde{a}_{12} & \widetilde{a}_{22} & \widetilde{a}_{32} \\ \widetilde{a}_{13} & \widetilde{a}_{23} & \widetilde{a}_{33} \end{bmatrix}\begin{bmatrix} b_1 \\ b_2 \\ b_3 \end{bmatrix}$$

いま，x_2 に注目すると，

$$x_2 = \frac{1}{|A|}(\widetilde{a}_{12}b_1 + \widetilde{a}_{22}b_2 + \widetilde{a}_{32}b_3)$$

$\widetilde{a}_{i2} = (-1)^{i+2}|A_{i2}|$ $(i = 1, 2, 3)$ を代入すると，

$$= \frac{1}{|A|}\{b_1(-1)^{1+2}|A_{12}| + b_2(-1)^{2+2}|A_{22}| + b_3(-1)^{3+2}|A_{32}|\}$$

ここで，{　} の中の式は，A の第 2 列を $\boldsymbol{b}$ で置き換えた行列の，第 2 列に関する余因子展開であり，定理 3.4.1(2) より，

$$= \frac{1}{|A|}\begin{vmatrix} a_{11} & b_1 & a_{13} \\ a_{21} & b_2 & a_{23} \\ a_{31} & b_3 & a_{33} \end{vmatrix} = \frac{|D_2|}{|A|}$$

を得る (下の行列式の 2 列に関する展開が，上記の {　} の中の式になると考えるとよい)．

したがって，$x_2 = \dfrac{|D_2|}{|A|}$ が成り立つ．

以上で，$n = 3$, $j = 2$ の場合が示された．一般の場合も同様である．　∎

問2　クラメルの公式を用いて，次の連立1次方程式を解け．

(1) $\begin{cases} 2x - \ \ y = -1 \\ -4x + 3y = \ \ 4 \end{cases}$　　(2) $\begin{cases} x + \ \ y + 2z = \ \ 5 \\ 2x - \ \ y + \ \ z = -2 \\ x - 2y + \ \ z = -1 \end{cases}$

例1　ファンデルモンドの行列式

以下のような，n 変数の差積を表す行列式を，ファンデルモンドの行列式という．簡単のために $n = 2, 3, 4$ の場合を記述する．

(1) $\begin{vmatrix} 1 & 1 \\ x_1 & x_2 \end{vmatrix} = x_2 - x_1$

(2) $\begin{vmatrix} 1 & 1 & 1 \\ x_1 & x_2 & x_3 \\ {x_1}^2 & {x_2}^2 & {x_3}^2 \end{vmatrix} = (x_3 - x_2)(x_3 - x_1)(x_2 - x_1)$

(3) $\begin{vmatrix} 1 & 1 & 1 & 1 \\ x_1 & x_2 & x_3 & x_4 \\ {x_1}^2 & {x_2}^2 & {x_3}^2 & {x_4}^2 \\ {x_1}^3 & x_2^3 & {x_3}^3 & {x_4}^3 \end{vmatrix} = (x_4 - x_3)(x_4 - x_2)(x_4 - x_1)$
$(x_3 - x_2)(x_3 - x_1)(x_2 - x_1)$ ■

問3　例1における (2) を示せ．

例題1　行列式と多項式に関して，次が成り立つことを示せ．

$$\begin{vmatrix} a_0 & -1 & 0 & \cdots & 0 \\ a_1 & x & -1 & \ddots & \vdots \\ a_2 & 0 & x & \ddots & 0 \\ \vdots & \vdots & \ddots & \ddots & -1 \\ a_n & 0 & \cdots & 0 & x \end{vmatrix} = a_0x^n + a_1x^{n-1} + a_2x^{n-2} + \cdots + a_{n-1}x + a_n$$

解答 左辺を第1行で展開すると,

$$\text{左辺} = a_0 \begin{vmatrix} x & -1 & \cdots & 0 \\ 0 & x & \ddots & \vdots \\ \vdots & \ddots & \ddots & -1 \\ 0 & \cdots & 0 & x \end{vmatrix} + \begin{vmatrix} a_1 & -1 & \cdots & 0 \\ a_2 & x & \ddots & \vdots \\ \vdots & \vdots & \ddots & -1 \\ a_n & 0 & \cdots & x \end{vmatrix}$$

$$= a_0 x^n + \begin{vmatrix} a_1 & -1 & \cdots & 0 \\ a_2 & x & \ddots & \vdots \\ \vdots & \vdots & \ddots & -1 \\ a_n & 0 & \cdots & x \end{vmatrix}$$

第2項を第1行で展開すると,

$$= a_0 x^n + a_1 \begin{vmatrix} x & -1 & \cdots & 0 \\ 0 & \ddots & \ddots & \vdots \\ \vdots & \ddots & \ddots & -1 \\ 0 & \cdots & 0 & x \end{vmatrix} + \begin{vmatrix} a_2 & -1 & \cdots & 0 \\ a_3 & x & \ddots & \vdots \\ \vdots & \vdots & \ddots & -1 \\ a_n & 0 & \cdots & x \end{vmatrix}$$

$$= a_0 x^n + a_1 x^{n-1} + \begin{vmatrix} a_2 & -1 & \cdots & 0 \\ a_3 & x & \ddots & \vdots \\ \vdots & \vdots & \ddots & -1 \\ a_n & 0 & \cdots & x \end{vmatrix}$$

これを繰り返して,

$$= a_0 x^n + a_1 x^{n-1} + a_2 x^{n-2} + \cdots + a_{n-1} x + a_n \quad \text{を得る.}$$

■

問4 $\begin{vmatrix} 6 & -1 & 0 \\ 1 & x & -1 \\ -5 & 0 & x \end{vmatrix} = 0$ を解け.

例題2 $\begin{vmatrix} x & 1 & 1 & 1 \\ 1 & x & 1 & 1 \\ 1 & 1 & x & 1 \\ 1 & 1 & 1 & x \end{vmatrix}$ を因数分解せよ.

解答　与式の第2列，第3列，第4列を，第1列に加えると，与式は次の行列式に等しくなる．

$$\begin{vmatrix} x+3 & 1 & 1 & 1 \\ x+3 & x & 1 & 1 \\ x+3 & 1 & x & 1 \\ x+3 & 1 & 1 & x \end{vmatrix}$$

第1列は $x+3$ が共通であり，それを行列式の前に出すと，

$$= (x+3)\begin{vmatrix} 1 & 1 & 1 & 1 \\ 1 & x & 1 & 1 \\ 1 & 1 & x & 1 \\ 1 & 1 & 1 & x \end{vmatrix}$$

第1列の (-1) 倍を，第2列，第3列，第4列に加えると，

$$= (x+3)\begin{vmatrix} 1 & 0 & 0 & 0 \\ 1 & x-1 & 0 & 0 \\ 1 & 0 & x-1 & 0 \\ 1 & 0 & 0 & x-1 \end{vmatrix}$$

したがって，

$$= (x+3)\begin{vmatrix} x-1 & 0 & 0 \\ 0 & x-1 & 0 \\ 0 & 0 & x-1 \end{vmatrix} = (x+3)(x-1)^3 \quad \text{を得る．}$$

問5　$\begin{vmatrix} x & y & y & y \\ y & x & y & y \\ y & y & x & y \\ y & y & y & x \end{vmatrix}$ を因数分解せよ．

問題 3.5

1.　次の連立1次方程式を，クラメルの公式を用いて解け．

(1) $\begin{cases} 4x+5y=2 \\ x+2y=3 \end{cases}$　　(2) $\begin{cases} 2x-4y+6z=2 \\ x-3y+5z=-1 \\ x-4y+2z=-8 \end{cases}$

2. 次の連立1次方程式を，クラメルの公式を用いて解け．

$$\begin{cases} x+y+z+\ \ w=-2 \\ -2x-y\qquad +\ \ w=\ \ 2 \\ 3x+y-z-\ \ w=-4 \\ 5x+y-z-4w=-5 \end{cases}$$

3. ファンデルモンドの行列式を用いて，次の行列式の値を求めよ．

(1) $\begin{vmatrix} 1 & 1 & 1 \\ 3 & 5 & 7 \\ 9 & 25 & 49 \end{vmatrix}$　　(2) $\begin{vmatrix} 1 & 1 & 1 & 1 \\ 1 & 2 & -3 & 7 \\ 1 & 4 & 9 & 49 \\ 1 & 8 & -27 & 343 \end{vmatrix}$

4. 次の方程式を解け．

(1) $\begin{vmatrix} 2 & -1 & 0 \\ 9 & x & -1 \\ -5 & 0 & x \end{vmatrix}=0$　　(2) $\begin{vmatrix} 1 & -1 & 0 & 0 \\ -7 & x & -1 & 0 \\ 7 & 0 & x & -1 \\ 15 & 0 & 0 & x \end{vmatrix}=0$

5. 次の等式を示せ．

$$\begin{vmatrix} 1 & 1 & 1 & 1 \\ x & a & a & a \\ x & y & b & b \\ x & y & z & c \end{vmatrix}=(a-x)(b-y)(c-z)$$

6. 次の行列式を因数分解せよ．

(1) $\begin{vmatrix} 3a & b & b & b \\ b & 3a & b & b \\ b & b & 3a & b \\ b & b & b & 3a \end{vmatrix}$　　(2) $\begin{vmatrix} x & y+1 & y+1 & y+1 \\ y+1 & x & y+1 & y+1 \\ y+1 & y+1 & x & y+1 \\ y+1 & y+1 & y+1 & x \end{vmatrix}$

第4章　ベクトル

4.1　ベクトルの演算と3重積

内積　2つの3次列ベクトル $\boldsymbol{a} = \begin{bmatrix} a_1 \\ a_2 \\ a_3 \end{bmatrix}$, $\boldsymbol{b} = \begin{bmatrix} b_1 \\ b_2 \\ b_3 \end{bmatrix}$ を考える．

これらは，幾何的には，空間内における始点と終点の定められた有向線分である．いま，それらの始点と終点を，O, A, B とし，$\boldsymbol{a} = \overrightarrow{\mathrm{OA}}$, $\boldsymbol{b} = \overrightarrow{\mathrm{OB}}$ とする．また，$\boldsymbol{a}$ と $\boldsymbol{b}$ のなす角を θ $(0 \leqq \theta \leqq \pi)$ とする．このとき，次の式で定められた値 $(\boldsymbol{a}, \boldsymbol{b})$ を，$\boldsymbol{a}$ と $\boldsymbol{b}$ の**内積**または**スカラー積**という．

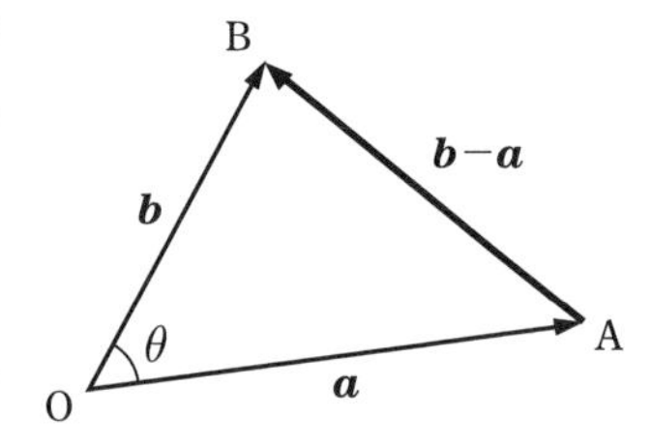

図 4.1　2つのベクトルと三角形

$$(\boldsymbol{a}, \boldsymbol{b}) = |\boldsymbol{a}||\boldsymbol{b}|\cos\theta$$

ただし，$|\boldsymbol{a}|$, $|\boldsymbol{b}|$ はベクトル $\boldsymbol{a}$, $\boldsymbol{b}$ の大きさであり，$|\boldsymbol{a}| = \sqrt{{a_1}^2 + {a_2}^2 + {a_3}^2}$, $|\boldsymbol{b}| = \sqrt{{b_1}^2 + {b_2}^2 + {b_3}^2}$ で与えられる．

さて，図 4.1 の △OAB に余弦定理を適用すると，$\mathrm{AB} = |\boldsymbol{b} - \boldsymbol{a}|$, $\mathrm{OA} = |\boldsymbol{a}|$, $\mathrm{OB} = |\boldsymbol{b}|$ より，$|\boldsymbol{b} - \boldsymbol{a}|^2 = |\boldsymbol{a}|^2 + |\boldsymbol{b}|^2 - 2|\boldsymbol{a}||\boldsymbol{b}|\cos\theta$. したがって，次を得る．

$$(\boldsymbol{a}, \boldsymbol{b}) = \frac{1}{2}\left(|\boldsymbol{a}|^2 + |\boldsymbol{b}|^2 - |\boldsymbol{b} - \boldsymbol{a}|^2\right)$$

この式の右辺を，ベクトルの成分を用いて書き換えると，次の内積の計算式を得る．

$$(\boldsymbol{a}, \boldsymbol{b}) = a_1 b_1 + a_2 b_2 + a_3 b_3$$

問 1　上記の $(\boldsymbol{a}, \boldsymbol{b}) = a_1b_1 + a_2b_2 + a_3b_3$ を示せ．

内積については，次が成り立つ．証明は省略する．

内積の基本性質

$\boldsymbol{a}, \boldsymbol{b}, \boldsymbol{c}$ をベクトル，c を定数とすると，次が成り立つ．

(1)　$(\boldsymbol{a}, \boldsymbol{b}) = (\boldsymbol{b}, \boldsymbol{a})$

(2)　$(\boldsymbol{a}+\boldsymbol{b}, \boldsymbol{c}) = (\boldsymbol{a}, \boldsymbol{c}) + (\boldsymbol{b}, \boldsymbol{c})$

(3)　$c(\boldsymbol{a}, \boldsymbol{b}) = (c\boldsymbol{a}, \boldsymbol{b}) = (\boldsymbol{a}, c\boldsymbol{b})$

(4)　$(\boldsymbol{a}, \boldsymbol{a}) \geqq 0$　特に　$(\boldsymbol{a}, \boldsymbol{a}) = 0 \Longleftrightarrow \boldsymbol{a} = \boldsymbol{0}$

例題 1　$\boldsymbol{a} = \begin{bmatrix} 2 \\ -1 \\ 3 \end{bmatrix}$, $\boldsymbol{b} = \begin{bmatrix} 1 \\ 1 \\ 2 \end{bmatrix}$ とし，$\boldsymbol{a}$, $\boldsymbol{b}$ のなす角を θ $(0 \leqq \theta \leqq \pi)$ とするとき，$\cos\theta$ の値を求めよ．

解答　$(\boldsymbol{a}, \boldsymbol{b}) = 2\cdot 1 + (-1)\cdot 1 + 3\cdot 2 = 7$ であり，$|\boldsymbol{a}| = \sqrt{4+1+9} = \sqrt{14}$, $|\boldsymbol{b}| = \sqrt{1+1+4} = \sqrt{6}$ より，$\cos\theta = \dfrac{(\boldsymbol{a}, \boldsymbol{b})}{|\boldsymbol{a}||\boldsymbol{b}|} = \dfrac{7}{\sqrt{14}\sqrt{6}} = \dfrac{7}{2\sqrt{21}} = \dfrac{\sqrt{21}}{6}$ ▮

外積　2 つのベクトル $\boldsymbol{a}, \boldsymbol{b}$ に対して，次の条件 (1), (2) で定められるベクトル $\boldsymbol{c}$ を，$\boldsymbol{a}$ と $\boldsymbol{b}$ の**外積**または**ベクトル積**といい，$\boldsymbol{a} \times \boldsymbol{b}$ と書く．

(1) $\boldsymbol{c}$ の大きさ $|\boldsymbol{c}|$ は，$\boldsymbol{a}, \boldsymbol{b}$ を 2 辺とする平行四辺形の面積に等しい．

(2) $\boldsymbol{c}$ は，$\boldsymbol{a}, \boldsymbol{b}$ の定める平面に垂直で，向きは，$\boldsymbol{a}$ から $\boldsymbol{b}$ に右ねじを回したときに，ねじが進む方向とする．

ただし，$\boldsymbol{a}, \boldsymbol{b}$ の内の少なくとも 1 つが $\boldsymbol{0}$ であるか，または $\boldsymbol{a}, \boldsymbol{b}$ が平行のときは，$\boldsymbol{c} = \boldsymbol{0}$ とする．

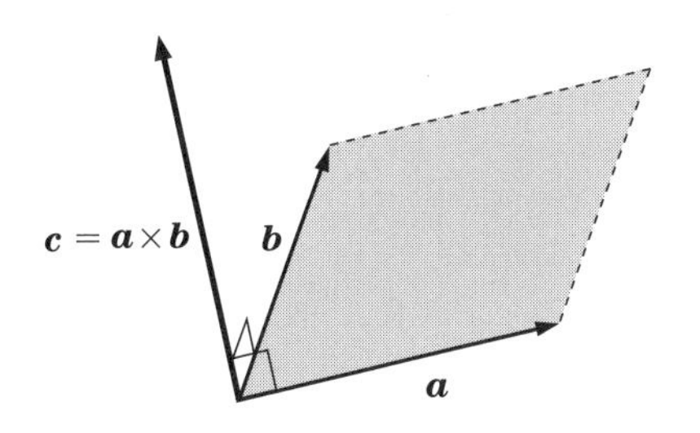

図 4.2　2 つのベクトルと外積

さて，次の3つのベクトルを，空間内の基本ベクトルという．

$$\boldsymbol{e}_1 = \begin{bmatrix} 1 \\ 0 \\ 0 \end{bmatrix},\ \boldsymbol{e}_2 = \begin{bmatrix} 0 \\ 1 \\ 0 \end{bmatrix},\ \boldsymbol{e}_3 = \begin{bmatrix} 0 \\ 0 \\ 1 \end{bmatrix}$$

例題 2　基本ベクトル間の外積について，次が成り立つことを示せ．

$$\boldsymbol{e}_1 \times \boldsymbol{e}_2 = \boldsymbol{e}_3,\quad \boldsymbol{e}_2 \times \boldsymbol{e}_3 = \boldsymbol{e}_1,\quad \boldsymbol{e}_3 \times \boldsymbol{e}_1 = \boldsymbol{e}_2$$

$$\boldsymbol{e}_2 \times \boldsymbol{e}_1 = -\boldsymbol{e}_3,\quad \boldsymbol{e}_3 \times \boldsymbol{e}_2 = -\boldsymbol{e}_1,\quad \boldsymbol{e}_1 \times \boldsymbol{e}_3 = -\boldsymbol{e}_2$$

解答　空間内に xyz 直交座標を考える．このとき，$\boldsymbol{e}_1, \boldsymbol{e}_2$ は x 軸および y 軸における正の向きの大きさ1のベクトルである．したがって，$\boldsymbol{e}_1 \times \boldsymbol{e}_2$ の大きさは，1辺が1の正方形の面積より1である．また，その方向は x 軸を y 軸に重ねたときの右ねじの進む方向であり，z 軸の正の向きである．したがって，$\boldsymbol{e}_1 \times \boldsymbol{e}_2 = \boldsymbol{e}_3$ が成り立つ．その他も同様である．■

外積については，次が成り立つ．

外積の基本性質

$\boldsymbol{a}, \boldsymbol{b}, \boldsymbol{c}$ をベクトル，c を定数とすると，次が成り立つ．

(1)　$\boldsymbol{a} \times \boldsymbol{b} = -(\boldsymbol{b} \times \boldsymbol{a})$　特に　$\boldsymbol{a} \times \boldsymbol{a} = \boldsymbol{0}$

(2)　$\boldsymbol{a} \times (\boldsymbol{b} + \boldsymbol{c}) = \boldsymbol{a} \times \boldsymbol{b} + \boldsymbol{a} \times \boldsymbol{c}$

(3)　$(\boldsymbol{a} + \boldsymbol{b}) \times \boldsymbol{c} = \boldsymbol{a} \times \boldsymbol{c} + \boldsymbol{b} \times \boldsymbol{c}$

(4)　$c(\boldsymbol{a} \times \boldsymbol{b}) = c\boldsymbol{a} \times \boldsymbol{b} = \boldsymbol{a} \times c\boldsymbol{b}$

証明の概略　(1), (4) は外積の定義より明らかである．

(2) の概略を示す．まず，$\boldsymbol{a} = \boldsymbol{0}$ のときは明らかであり，$\boldsymbol{a} \neq \boldsymbol{0}$ とする．$\boldsymbol{a}$ に垂直な平面を Π とし，$\boldsymbol{b}, \boldsymbol{c}$ を $\boldsymbol{a}$ の方向に沿って Π に射影したベクトルを $\boldsymbol{b}', \boldsymbol{c}'$ とする．このとき外積の定義から $\boldsymbol{a} \times \boldsymbol{b}' = \boldsymbol{a} \times \boldsymbol{b}$, $\boldsymbol{a} \times \boldsymbol{c}' = \boldsymbol{a} \times \boldsymbol{c}$ であり，$\boldsymbol{a} \times (\boldsymbol{b} + \boldsymbol{c}) = \boldsymbol{a} \times (\boldsymbol{b}' + \boldsymbol{c}')$ である．したがって，$\boldsymbol{a} \times (\boldsymbol{b}' + \boldsymbol{c}') = \boldsymbol{a} \times \boldsymbol{b}' + \boldsymbol{a} \times \boldsymbol{c}'$ を示せばよい．ところで，$\boldsymbol{b}', \boldsymbol{c}'$ は平面 Π 上にあり，その位置関係は図4.3のようになっているので，明らかに求める等式が成り立つ．(3) についても同様である．■

内積がベクトルの成分によって計算されたように，外積も次のように，成分によって計算される．

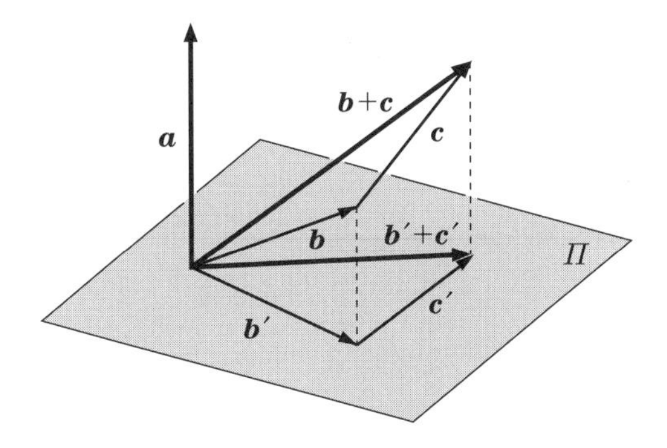

図 4.3　ベクトルと平面への射影

定理 4.1.1

$$\boldsymbol{a} = \begin{bmatrix} a_1 \\ a_2 \\ a_3 \end{bmatrix}, \ \boldsymbol{b} = \begin{bmatrix} b_1 \\ b_2 \\ b_3 \end{bmatrix} \text{ とすると，} \quad \boldsymbol{a} \times \boldsymbol{b} = \begin{bmatrix} a_2b_3 - a_3b_2 \\ a_3b_1 - a_1b_3 \\ a_1b_2 - a_2b_1 \end{bmatrix}$$

証明　$\boldsymbol{a} = a_1\boldsymbol{e}_1 + a_2\boldsymbol{e}_2 + a_3\boldsymbol{e}_3$, $\boldsymbol{b} = b_1\boldsymbol{e}_1 + b_2\boldsymbol{e}_2 + b_3\boldsymbol{e}_3$ より，例題 2 と基本性質を用いて計算すると，

$$\begin{aligned}
\boldsymbol{a} \times \boldsymbol{b} &= (a_1\boldsymbol{e}_1 + a_2\boldsymbol{e}_2 + a_3\boldsymbol{e}_3) \times (b_1\boldsymbol{e}_1 + b_2\boldsymbol{e}_2 + b_3\boldsymbol{e}_3) \\
&= a_1b_1\boldsymbol{e}_1 \times \boldsymbol{e}_1 + a_1b_2\boldsymbol{e}_1 \times \boldsymbol{e}_2 + a_1b_3\boldsymbol{e}_1 \times \boldsymbol{e}_3 + a_2b_1\boldsymbol{e}_2 \times \boldsymbol{e}_1 \\
&\quad + a_2b_2\boldsymbol{e}_2 \times \boldsymbol{e}_2 + a_2b_3\boldsymbol{e}_2 \times \boldsymbol{e}_3 + a_3b_1\boldsymbol{e}_3 \times \boldsymbol{e}_1 + a_3b_2\boldsymbol{e}_3 \times \boldsymbol{e}_2 + a_3b_3\boldsymbol{e}_3 \times \boldsymbol{e}_3 \\
&= a_1b_1\boldsymbol{0} + a_1b_2\boldsymbol{e}_3 - a_1b_3\boldsymbol{e}_2 - a_2b_1\boldsymbol{e}_3 \\
&\quad + a_2b_2\boldsymbol{0} + a_2b_3\boldsymbol{e}_1 + a_3b_1\boldsymbol{e}_2 - a_3b_2\boldsymbol{e}_1 + a_3b_3\boldsymbol{0} \\
&= (a_2b_3 - a_3b_2)\boldsymbol{e}_1 + (a_3b_1 - a_1b_3)\boldsymbol{e}_2 + (a_1b_2 - a_2b_1)\boldsymbol{e}_3
\end{aligned}$$

より，$\boldsymbol{a} \times \boldsymbol{b}$ の成分表示を得る． ∎

問 2　$\boldsymbol{a} = \begin{bmatrix} 3 \\ 0 \\ 4 \end{bmatrix}$, $\boldsymbol{b} = \begin{bmatrix} 1 \\ -3 \\ 2 \end{bmatrix}$ のとき，外積 $\boldsymbol{a} \times \boldsymbol{b}$ を求めよ．さらに，$\boldsymbol{a}, \boldsymbol{b}$ を 2 辺とする平行四辺形の面積を求めよ．

3 重積　3 つのベクトル $\boldsymbol{a}, \boldsymbol{b}, \boldsymbol{c}$ に対して，$\boldsymbol{a} \times \boldsymbol{b}$ と $\boldsymbol{c}$ との内積

$$(\boldsymbol{a} \times \boldsymbol{b}, \boldsymbol{c})$$

を，$\boldsymbol{a}, \boldsymbol{b}, \boldsymbol{c}$ の **3 重積**という．このとき，次が成り立つ．

> **定理 4.1.2**
> 3 重積 $(\boldsymbol{a} \times \boldsymbol{b}, \boldsymbol{c})$ の絶対値は，3 つのベクトル $\boldsymbol{a}, \boldsymbol{b}, \boldsymbol{c}$ を 3 辺として構成される平行六面体の体積に等しい．

証明　$\boldsymbol{a} \times \boldsymbol{b}$ と $\boldsymbol{c}$ とのなす角を θ とすると，$\boldsymbol{a}, \boldsymbol{b}, \boldsymbol{c}$ を 3 辺とする平行六面体の底面積は $|\boldsymbol{a} \times \boldsymbol{b}|$ であり，高さは $|\boldsymbol{c} \cos\theta|$ と考えられる．したがって，

$$\begin{aligned} 3\ \text{重積の絶対値} &= |(\boldsymbol{a} \times \boldsymbol{b},\ \boldsymbol{c})| \\ &= |\boldsymbol{a} \times \boldsymbol{b}| \cdot |\boldsymbol{c} \cos\theta| \\ &= \text{平行六面体の体積} \end{aligned}$$

が成り立つ．　▮

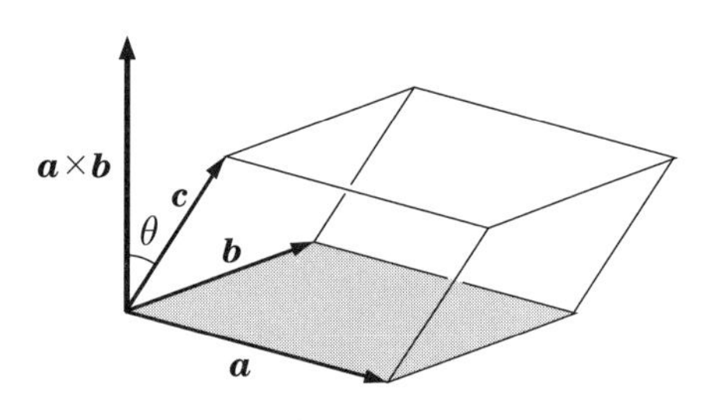

図 4.4　3 つのベクトルと平行六面体

さて，$\boldsymbol{a}_1 = \begin{bmatrix} a_{11} \\ a_{21} \\ a_{31} \end{bmatrix}$，$\boldsymbol{a}_2 = \begin{bmatrix} a_{12} \\ a_{22} \\ a_{32} \end{bmatrix}$，$\boldsymbol{a}_3 = \begin{bmatrix} a_{13} \\ a_{23} \\ a_{33} \end{bmatrix}$ とし，内積と外積の成分表示を用いて，3 重積 $(\boldsymbol{a}_1 \times \boldsymbol{a}_2,\ \boldsymbol{a}_3)$ を，成分で表示すると，

$$\begin{aligned} &(\boldsymbol{a}_1 \times \boldsymbol{a}_2,\ \boldsymbol{a}_3) \\ &= (a_{21}a_{32} - a_{31}a_{22})a_{13} + (a_{31}a_{12} - a_{11}a_{32})a_{23} + (a_{11}a_{22} - a_{21}a_{12})a_{33} \\ &= a_{11}a_{22}a_{33} + a_{12}a_{23}a_{31} + a_{13}a_{21}a_{32} - a_{11}a_{23}a_{32} - a_{12}a_{21}a_{33} - a_{13}a_{22}a_{31} \end{aligned}$$

となる．これは，$A = [\boldsymbol{a}_1, \boldsymbol{a}_2, \boldsymbol{a}_3]$ という行列の行列式である．このことと定理 4.1.2 より，次のことがわかる (定理 0.2.1 を参照せよ)．

定理 4.1.3 (行列式の幾何的意味)
行列 $A = [\boldsymbol{a}_1, \boldsymbol{a}_2, \boldsymbol{a}_3]$ の行列式の絶対値は，3 つのベクトル $\boldsymbol{a}_1$，$\boldsymbol{a}_2$，$\boldsymbol{a}_3$ を 3 辺として構成される平行六面体の体積に等しい．

問題 4.1

1. 次のベクトル $\boldsymbol{a}, \boldsymbol{b}$ の内積を求め，さらに $\boldsymbol{a}$ と $\boldsymbol{b}$ のなす角を θ とするときの $\cos\theta$ を求めよ．

$$(1)\ \boldsymbol{a} = \begin{bmatrix} 2 \\ -3 \\ 5 \end{bmatrix},\ \boldsymbol{b} = \begin{bmatrix} 4 \\ 0 \\ -2 \end{bmatrix} \qquad (2)\ \boldsymbol{a} = \begin{bmatrix} 0 \\ 4 \\ -3 \end{bmatrix},\ \boldsymbol{b} = \begin{bmatrix} -1 \\ 3 \\ 5 \end{bmatrix}$$

2. 次のベクトル $\boldsymbol{a}, \boldsymbol{b}$ の外積を求め，さらに $\boldsymbol{a}$ と $\boldsymbol{b}$ を 2 辺とする平行四辺形の面積を求めよ．

$$(1)\ \boldsymbol{a} = \begin{bmatrix} 1 \\ 4 \\ -2 \end{bmatrix},\ \boldsymbol{b} = \begin{bmatrix} 1 \\ -3 \\ 2 \end{bmatrix} \qquad (2)\ \boldsymbol{a} = \begin{bmatrix} 3 \\ -2 \\ 0 \end{bmatrix},\ \boldsymbol{b} = \begin{bmatrix} 4 \\ -5 \\ 2 \end{bmatrix}$$

3. $\boldsymbol{a} = \begin{bmatrix} -2 \\ 3 \\ 2 \end{bmatrix},\ \boldsymbol{b} = \begin{bmatrix} 0 \\ 4 \\ -5 \end{bmatrix},\ \boldsymbol{c} = \begin{bmatrix} 4 \\ 0 \\ -3 \end{bmatrix}$ とする．$\boldsymbol{a}, \boldsymbol{b}, \boldsymbol{c}$ を 3 辺とする平行六面体の体積を，次の (1), (2) の方法で求めよ．

(1) ベクトルの 3 重積を用いる方法．　(2) 行列式を用いる方法．

4. $\boldsymbol{a} = \begin{bmatrix} 1 \\ 3 \\ -2 \end{bmatrix},\ \boldsymbol{b} = \begin{bmatrix} 1 \\ -2 \\ 4 \end{bmatrix}$ とする．$\boldsymbol{a}$ と $\boldsymbol{b}$ の両方に直交し，大きさが 1 のベクトル $\boldsymbol{c}$ を，次の (1), (2) の方法で求めよ．

(1) 内積を用いる方法．　(2) 外積を用いる方法．

5. $\boldsymbol{a} + \boldsymbol{b} + \boldsymbol{c} = \boldsymbol{0}$ のとき，$\boldsymbol{a} \times \boldsymbol{b} = \boldsymbol{b} \times \boldsymbol{c} = \boldsymbol{c} \times \boldsymbol{a}$ を示せ．

4.2　直線と平面の方程式

空間内の直線　平面上の直線が，通る点と傾きによって決まったように，空間内の直線も，通る点と直線の方向によって決まる．特に直線の方向はベクトルによって与えられる．

いま，空間内の直線 ℓ が，1点 $\mathrm{P_0}(x_0, y_0, z_0)$ を通り，その方向がベクトル $\boldsymbol{a}$ で与えられているとする．ℓ 上の任意の点を $\mathrm{P}(x, y, z)$ とすると，ベクトル $\overrightarrow{\mathrm{P_0P}}$ は $\boldsymbol{a}$ の実数倍となるので，ある実数 t により，$\overrightarrow{\mathrm{P_0P}} = t\boldsymbol{a}$ となる．このとき $\boldsymbol{a}$ は直線 ℓ の**方向ベクトル**と呼ばれる．したがって，

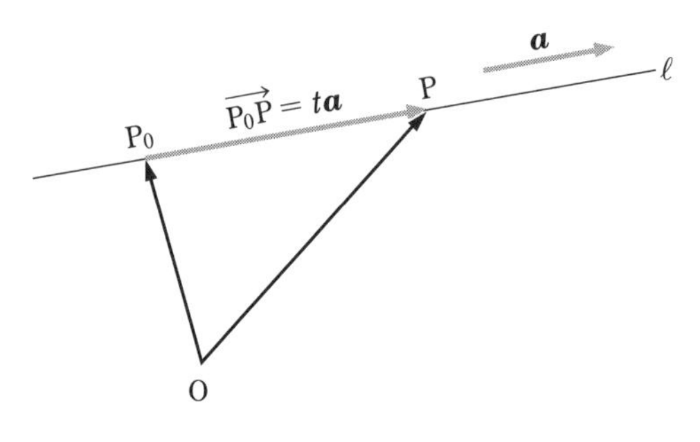

図 **4.5**　ベクトルと直線

$$\overrightarrow{\mathrm{P_0P}} = \begin{bmatrix} x - x_0 \\ y - y_0 \\ z - z_0 \end{bmatrix} \text{ であり，} \boldsymbol{a} = \begin{bmatrix} a \\ b \\ c \end{bmatrix} \text{ とすると，} \overrightarrow{\mathrm{P_0P}} = t\boldsymbol{a} \text{ より，}$$

$$\begin{bmatrix} x - x_0 \\ y - y_0 \\ z - z_0 \end{bmatrix} = t \begin{bmatrix} a \\ b \\ c \end{bmatrix}$$

となる．このとき，

$$\begin{bmatrix} x \\ y \\ z \end{bmatrix} = \begin{bmatrix} x_0 \\ y_0 \\ z_0 \end{bmatrix} + t \begin{bmatrix} a \\ b \\ c \end{bmatrix}$$

より，

$$\begin{cases} x = x_0 + ta \\ y = y_0 + tb \quad \cdots \text{①} \\ z = z_0 + tc \end{cases}$$

を得る．a, b, c がいずれも 0 でない場合は，上記の式 ① から t を消去することにより，次の直線の方程式を得る．これを，点 P_0 を通り，方向ベクトル $\boldsymbol{a}$ の直線の方程式という．

点 $P_0(x_0, y_0, z_0)$ を通る直線の方程式

$$\frac{x - x_0}{a} = \frac{y - y_0}{b} = \frac{z - z_0}{c}$$

注意　a, b, c の中に 0 があるとき．たとえば $a \neq 0, b \neq 0, c = 0$ とすると，① より次を得る．

$$\frac{x - x_0}{a} = \frac{y - y_0}{b},\ z = z_0$$

これは xy 平面に平行な直線である．

また，$a \neq 0, b = 0, c = 0$ とすると，① より次を得る．

$$y = y_0,\ z = z_0$$

これは x 軸に平行な直線である．

例題 1　空間内の 2 点 $A(2, -2, 5)$, $B(4, 1, 3)$ を通る直線の方程式を求めよ．

解答　ベクトル $\overrightarrow{AB}$ の成分は $(2, 3, -2)$ であり，これが方向ベクトルとなる．また，この直線は点 $A(2, -2, 5)$ を通るので，求める方程式は次のようになる．

$$\frac{x - 2}{2} = \frac{y + 2}{3} = \frac{z - 5}{-2}$$

問 1　2 点 $A(3, 0, -1)$, $B(0, -2, 4)$ を通る直線の方程式を求めよ．

空間内の平面　空間内の直線が，通る点と方向ベクトルで決まったように，空間内の平面も，通る点と平面の向きを定めるベクトルで決まる．ただし，平面の向きを定めるベクトルとは，平面と直交するベクトルであり，それを**法線ベクトル**という．

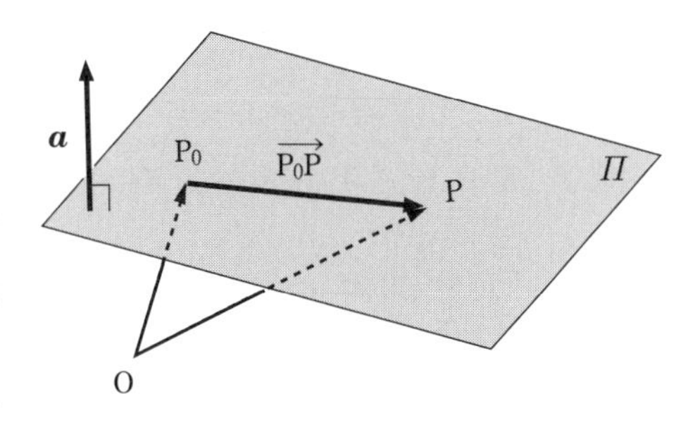

図 4.6　ベクトルと平面

いま，点 $\mathrm{P}_0(x_0, y_0, z_0)$ を通り，法線ベクトルを $\boldsymbol{a}$ とする平面 Π を考える．Π 上の任意の点を $\mathrm{P}(x, y, z)$ とすると，ベクトル $\overrightarrow{\mathrm{P_0P}}$ は $\boldsymbol{a}$ と直交するので，内積は 0 となる．すなわち，$(\overrightarrow{\mathrm{P_0P}}, \boldsymbol{a}) = 0$ である．したがって，

$$\overrightarrow{\mathrm{P_0P}} = \begin{bmatrix} x - x_0 \\ y - y_0 \\ z - z_0 \end{bmatrix} \text{ であり，} \boldsymbol{a} = \begin{bmatrix} a \\ b \\ c \end{bmatrix} \text{ とすると，}$$

$$\left(\begin{bmatrix} x - x_0 \\ y - y_0 \\ z - z_0 \end{bmatrix}, \begin{bmatrix} a \\ b \\ c \end{bmatrix} \right) = 0 \text{ より，次の平面の方程式を得る．}$$

点 $\mathrm{P}_0(x_0, y_0, z_0)$ を通る平面の方程式

$$a(x - x_0) + b(y - y_0) + c(z - z_0) = 0$$

さて，上記の平面の方程式において，左辺を展開すると，

$$ax + by + cz - ax_0 - by_0 - cz_0 = 0$$

より，$-ax_0 - by_0 - cz_0 = d$ とおくと，次の一般形を得る．

平面の方程式の一般形

$$ax + by + cz + d = 0$$

上記の一般形より，x, y の 1 次方程式が平面内の直線を表すことと同様に，x, y, z の 1 次方程式が空間内の平面を表すことがわかる．

例題 2　原点 $\mathrm{O}(0, 0, 0)$ と，点 $\mathrm{A}(2, 1, 3)$, $\mathrm{B}(1, -3, 0)$ を通る平面の方程式を求めよ．

解答　$\boldsymbol{a} = \overrightarrow{\mathrm{OA}} = \begin{bmatrix} 2 \\ 1 \\ 3 \end{bmatrix}$, $\boldsymbol{b} = \overrightarrow{\mathrm{OB}} = \begin{bmatrix} 1 \\ -3 \\ 0 \end{bmatrix}$ とし，$\boldsymbol{a}$ と $\boldsymbol{b}$ の外積を求めると，

$\boldsymbol{a} \times \boldsymbol{b} = \begin{bmatrix} 9 \\ 3 \\ -7 \end{bmatrix}$ である．

この外積ベクトルが求める平面の法線ベクトルとなるので，
$9(x-2)+3(y-1)-7(z-3)=0$ より，求める平面の方程式は，
$9x+3y-7z=0$ となる．

注意　$ax+by+cz+d=0$ に 3 点の座標を代入して求めてもよい．

問 2　3 点 A$(1,1,-2)$, B$(2,0,-3)$, C$(3,-2,0)$ を通る平面の方程式を求めよ．

点と平面との距離　原点 O$(0,0,0)$ と $ax+by+cz+d=0$ で表される平面 Π との距離を求めよう．

O から Π に垂線 OH を引き，H の座標を H(x_0, y_0, z_0) とする．求めたいのはベクトル $\overrightarrow{\mathrm{OH}}$ の大きさ $|\overrightarrow{\mathrm{OH}}|$ である．H は Π 上の点であり，

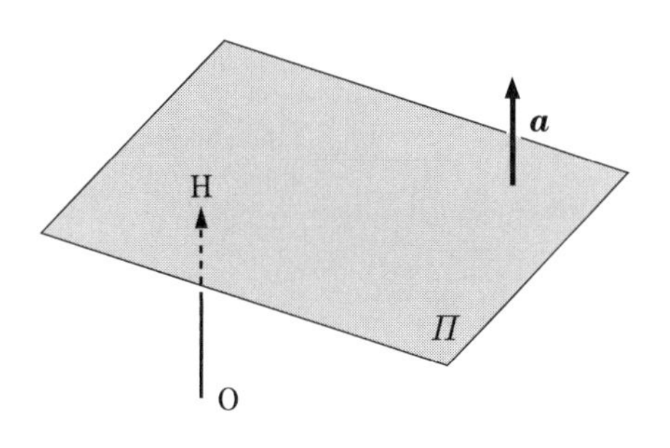

図 4.7　原点と平面

$$ax_0+by_0+cz_0+d=0$$

が成り立つ．すなわち，

$$ax_0+by_0+cz_0=-d$$

であり，この左辺は，$\overrightarrow{\mathrm{OH}}$ と法線ベクトル $\boldsymbol{a}$ との内積である．したがって，

$$(\overrightarrow{\mathrm{OH}},\ \boldsymbol{a})=-d \ \cdots \ ②$$

が成り立つ．ところで，$\overrightarrow{\mathrm{OH}}$ と $\boldsymbol{a}$ は平行であり，そのなす角 θ は 0 または π である．すなわち，$\cos\theta=\pm 1$ である．したがって，

$$(\overrightarrow{\mathrm{OH}},\ \boldsymbol{a})=|\overrightarrow{\mathrm{OH}}||\boldsymbol{a}|\cos\theta=\pm|\overrightarrow{\mathrm{OH}}||\boldsymbol{a}| \ \cdots \ ③$$

である．ここで，② と ③ の絶対値を考えると $|\overrightarrow{\mathrm{OH}}||\boldsymbol{a}|=|d|$ を得る．すなわち，$|\overrightarrow{\mathrm{OH}}|=\dfrac{|d|}{|\boldsymbol{a}|}$ であり，$|\boldsymbol{a}|=\sqrt{a^2+b^2+c^2}$ より，次の公式を得る．

原点 O と平面 $ax + by + cz + d = 0$ との距離

$$\frac{|d|}{\sqrt{a^2 + b^2 + c^2}}$$

一般に，点 P と平面との距離は次の式で与えられる．

点 $\mathbf{P}_0(x_0, y_0, z_0)$ と平面 $ax + by + cz + d = 0$ との距離

$$\frac{|ax_0 + by_0 + cz_0 + d|}{\sqrt{a^2 + b^2 + c^2}}$$

例題 3　上記の公式を証明せよ．

解答　空間内の平行移動により P_0 を原点 O に移動させる．この移動に伴って，与えられた平面は

$$a(x + x_0) + b(y + y_0) + c(z + z_0) + d = 0$$

に移動する．このとき，P_0 と与えられた平面との距離は，原点と移動後の平面との距離に等しい．移動後の平面の方程式は

$$ax + by + cz + ax_0 + by_0 + cz_0 + d = 0$$

であり，原点と平面との距離の公式を用いると，求める公式を得る．　■

注意　高等学校において，平面上の点 $\mathrm{P}_0(x_0, y_0)$ と 直線 $ax + by + c = 0$ との距離は，$\dfrac{|ax_0 + by_0 + c|}{\sqrt{a^2 + b^2}}$ で与えられると学んだが，上記の公式は，その一般化である．

問 3　点 $\mathrm{P}(2, -3, 0)$ と平面 $3x + 4y - 5z + 1 = 0$ との距離を求めよ．

問題 4.2

1. 次の 2 点 A, B を通る空間内の直線の方程式を求めよ．

(1) $A(3,-2,5)$, $B(1,3,-2)$　(2) $A(1,0,-3)$, $B(-2,1,-4)$

(3) $A(4,1,5)$, $B(-2,3,5)$　(4) $A(2,3,-1)$, $B(2,3,4)$

2. 次の 3 点 A, B, C を通る空間内の平面の方程式を求めよ．

(1) $A(0,1,-2)$, $B(-2,1,3)$, $C(-3,0,4)$

(2) $A(-3,1,2)$, $B(0,-3,1)$, $C(3,1,0)$

(3) $A(0,0,0)$, $B(2,3,-1)$, $C(1,-3,5)$

(4) $A(3,1,4)$, $B(5,2,4)$, $C(-4,5,4)$

3. 次の点と平面との距離を求めよ．

(1) 点 $P(1,0,-1)$, 平面 $2x-5y+4z=0$

(2) 点 $P(3,1,2)$, 平面 $4x+2y-3z+7=0$

(3) 点 $P(3,-2,4)$, 平面 $y=5$

4. 次の直線と平面との交点の座標を求めよ．

(1) 直線 $\dfrac{2-x}{4}=y-1=\dfrac{z-5}{3}$, 平面 $2x-3y+4z-15=0$

(2) 直線 $\dfrac{x-3}{2}=\dfrac{y+5}{3}=\dfrac{3-z}{3}$, 平面 $4x+y+4z-16=0$

5. 2 つの平面の法線ベクトルのなす角を，平面の**交角**という．次の 2 つの平面の交角を θ とするとき，$\cos\theta$ を求めよ．ただし，$0 \leqq \theta \leqq \dfrac{\pi}{2}$ とする．

(1) $\begin{cases} x-3y+4z+2=0 \\ 4x+3y-5z-7=0 \end{cases}$　(2) $\begin{cases} 3x-6y+2z-4=0 \\ x \quad\quad +2z+7=0 \end{cases}$

6. 次の 2 つの平面の交わりは直線となる．その方程式を求めよ．

(1) $\begin{cases} x-2y+3z-1=0 \\ 2x-3y+z-2=0 \end{cases}$　(2) $\begin{cases} x-y-z-3=0 \\ 2x+y-z-4=0 \end{cases}$

第5章　ベクトル空間

5.1　ベクトル空間とベクトルの1次独立性

ベクトル空間　集合 V があり，V の任意の元 $\boldsymbol{a}$, $\boldsymbol{b}$ と実数 c に対して，**和** $\boldsymbol{a}+\boldsymbol{b}$，および，**スカラー倍 (定数倍)** $c\boldsymbol{a}$ が定められているとする．ただし，$c=-1$ のとき $(-1)\boldsymbol{a}=-\boldsymbol{a}$ と書く．このとき，これらの演算が次の (1) ～ (8) をみたすならば，V を**ベクトル空間**という．特に実数 R を強調するときは，R **上のベクトル空間**という．

ベクトル空間の基本性質

(1) $(\boldsymbol{a}+\boldsymbol{b})+\boldsymbol{c}=\boldsymbol{a}+(\boldsymbol{b}+\boldsymbol{c})$　(加法の結合法則)

(2) $\boldsymbol{a}+\boldsymbol{b}=\boldsymbol{b}+\boldsymbol{a}$　(加法の交換法則)

(3) $\boldsymbol{a}+\boldsymbol{0}=\boldsymbol{0}+\boldsymbol{a}=\boldsymbol{a}$ となる元 $\boldsymbol{0}$ が存在する　(零元の存在)

(4) $\boldsymbol{a}-\boldsymbol{a}=-\boldsymbol{a}+\boldsymbol{a}=\boldsymbol{0}$　(加法の逆元の存在)

(5) $a(b\boldsymbol{a})=(ab)\boldsymbol{a}$　(スカラー倍の結合法則)

(6) $(a+b)\boldsymbol{a}=a\boldsymbol{a}+b\boldsymbol{a}$
(7) $a(\boldsymbol{a}+\boldsymbol{b})=a\boldsymbol{a}+a\boldsymbol{b}$
　(6)(7)：(スカラー倍の分配法則)

(8) $1\boldsymbol{a}=\boldsymbol{a}$

例題 1　$2\boldsymbol{a}=\boldsymbol{a}+\boldsymbol{a}$　を示せ．

解答　この等式は当たり前のように見えるが，上記のベクトル空間の性質を用いて，次のように示される．

$$2\boldsymbol{a}=(1+1)\boldsymbol{a}=1\boldsymbol{a}+1\boldsymbol{a}=\boldsymbol{a}+\boldsymbol{a}$$ ▮

問1　$0\boldsymbol{a} = \boldsymbol{0}$ を示せ．

数ベクトル空間　実数を成分とする n 次列ベクトル

$$\boldsymbol{a} = \begin{bmatrix} a_1 \\ a_2 \\ \vdots \\ a_n \end{bmatrix} \quad (a_i \text{ は実数 } i = 1, 2, \cdots, n)$$

を，**n 次元数ベクトル**という．特に，成分がすべて0のベクトルを $\boldsymbol{0}$ と書き，**零ベクトル**または**ゼロベクトル**という．このとき，このような n 次元数ベクトル全体の集合を，R^n と書き，**n 次元数ベクトル空間**という．通常の列ベクトルの和と定数倍によって，ベクトル空間の基本性質をみたすことは容易に確かめられる．

部分空間　ベクトル空間 V の部分集合 W が，それ自身でベクトル空間となるとき，W を V の部分空間という．

例題2　3次元数ベクトル空間 R^3 を考える．このとき，次の(1)，(2)における W は R^3 の部分空間かどうかを調べよ．また，それらはどのような図形であるかを考えよ．ただし，x, y, z はベクトル $\boldsymbol{x}$ の成分である．

(1) $W = \{\, \boldsymbol{x} \in R^3 \mid x - 2y + z = 0 \,\}$

(2) $W = \{\, \boldsymbol{x} \in R^3 \mid 2x - 3y + z + 1 = 0 \,\}$

解答　(1) $\boldsymbol{a} = \begin{bmatrix} a_1 \\ a_2 \\ a_3 \end{bmatrix}$，$\boldsymbol{b} = \begin{bmatrix} b_1 \\ b_2 \\ b_3 \end{bmatrix}$ を W のベクトルとする．すなわち，$a_1 - 2a_2 + a_3 = 0$, $b_1 - 2b_2 + b_3 = 0$ である．このとき，$(a_1 + b_1) - 2(a_2 + b_2) + (a_3 + b_3) = (a_1 - 2a_2 + a_3) + (b_1 - 2b_2 + b_3) = 0 + 0 = 0$ より $\boldsymbol{a} + \boldsymbol{b} \in W$．同様に定数 c に対して $c\boldsymbol{a} \in W$ であり，これらの和と定数倍がベクトル空間の基本性質をみたすことは，容易に確かめられる．したがって，W は R^3 の部分空間である．さらに，$x - 2y + z = 0$ は平面の方程式であり，W は原点を通る平面となっている．

(2) $\boldsymbol{a} = \begin{bmatrix} -1 \\ 0 \\ 1 \end{bmatrix}$，$\boldsymbol{b} = \begin{bmatrix} 0 \\ 1 \\ 2 \end{bmatrix}$ とおくと，$-2 + 1 + 1 = 0$，$-3 + 2 + 1 = 0$ より

$\boldsymbol{a}$, $\boldsymbol{b} \in W$ である．しかし，$\boldsymbol{a}+\boldsymbol{b}$ は W に属さないので，部分空間ではない．この W も，(1) と同様に平面であるが，原点は通らない．∎

一般に，ベクトル空間の部分集合が部分空間となるための必要十分条件は，次のように与えられる．

定理 5.1.1
ベクトル空間 V の部分集合 W が，部分空間となるための必要十分条件は，次の (i), (ii), (iii) が成り立つことである．

(i) $\boldsymbol{0} \in W$

(ii) $\boldsymbol{a}$, $\boldsymbol{b} \in W$ ならば $\boldsymbol{a}+\boldsymbol{b} \in W$

(iii) $\boldsymbol{a} \in W$ ならば $c\boldsymbol{a} \in W$ (c は定数)

証明　(必要性)W がベクトル空間ならば，(i), (ii), (iii) がみたされることは明らかである．

(十分性) 条件 (ii), (iii) より，和と定数倍が定義される．また (i) より，零ベクトルが存在する．したがって，W が V の部分集合であることから，ベクトル空間の基本性質 (1)〜(8) がみたされて，W はベクトル空間となる．∎

1 次結合と 1 次関係　$\boldsymbol{a}_1, \boldsymbol{a}_2, \cdots, \boldsymbol{a}_n$ をベクトル空間 V のベクトルとする．このとき，

$$c_1\boldsymbol{a}_1 + c_2\boldsymbol{a}_2 + \cdots + c_n\boldsymbol{a}_n \ (c_1, c_2, \cdots, c_n \text{ は実数})$$

というベクトルを，$\boldsymbol{a}_1, \boldsymbol{a}_2, \cdots, \boldsymbol{a}_n$ の**1 次結合**という．また，

$$\boldsymbol{b} = c_1\boldsymbol{a}_1 + c_2\boldsymbol{a}_2 + \cdots + c_n\boldsymbol{a}_n$$

であるとき，$\boldsymbol{b}$ は $\boldsymbol{a}_1, \boldsymbol{a}_2, \cdots, \boldsymbol{a}_n$ の**1 次結合で表される**という．特に，

$$c_1\boldsymbol{a}_1 + c_2\boldsymbol{a}_2 + \cdots + c_n\boldsymbol{a}_n = \boldsymbol{0}$$

が成り立つとき，これを，$\boldsymbol{a}_1, \boldsymbol{a}_2, \cdots, \boldsymbol{a}_n$ の間の**1 次関係**という．ここで，$c_1 = c_2 = \cdots = c_n = 0$ のとき，1 次関係が成り立つのは自明であることより，**自明な 1 次関係**という．

1 次独立と 1 次従属　ベクトルの集合 $\{\boldsymbol{a}_1, \boldsymbol{a}_2, \cdots, \boldsymbol{a}_n\}$ に対して，次のよう

な定義をする．

(1)　$c_1\boldsymbol{a}_1 + c_2\boldsymbol{a}_2 + \cdots + c_n\boldsymbol{a}_n = \boldsymbol{0}$ が成り立つのは
$c_1 = c_2 = \cdots = c_n = 0$ のときに限るとき，
$\{\boldsymbol{a}_1, \boldsymbol{a}_2, \cdots, \boldsymbol{a}_n\}$ は**1次独立**という．

(2)　$c_1, c_2, \cdots, c_n$ の中に少なくとも1つは0でない c_i があって
$c_1\boldsymbol{a}_1 + c_2\boldsymbol{a}_2 + \cdots + c_n\boldsymbol{a}_n = \boldsymbol{0}$ が成り立つとき，
$\{\boldsymbol{a}_1, \boldsymbol{a}_2, \cdots, \boldsymbol{a}_n\}$ は**1次従属**という．

上記の定義を言い換えると，1次関係は自明なものに限るとき1次独立であり，自明でない1次関係が成り立つとき1次従属という．

例題3　次の(1)，(2)において，3つのベクトルの集合 $\{\boldsymbol{a}, \boldsymbol{b}, \boldsymbol{c}\}$ は，1次独立であるかどうかを調べよ．

$$(1)\ \boldsymbol{a} = \begin{bmatrix} 1 \\ 0 \\ 0 \end{bmatrix},\ \boldsymbol{b} = \begin{bmatrix} 0 \\ 2 \\ 0 \end{bmatrix},\ \boldsymbol{c} = \begin{bmatrix} 0 \\ 0 \\ 3 \end{bmatrix}$$

$$(2)\ \boldsymbol{a} = \begin{bmatrix} 1 \\ 2 \\ 1 \end{bmatrix},\ \boldsymbol{b} = \begin{bmatrix} 1 \\ 3 \\ 2 \end{bmatrix},\ \boldsymbol{c} = \begin{bmatrix} 1 \\ 0 \\ -1 \end{bmatrix}$$

解答　(1) $r\boldsymbol{a} + s\boldsymbol{b} + t\boldsymbol{c} = \boldsymbol{0}$ とおくと，この等式は r, s, t を未知数とする連立1次方程式となる．この連立1次方程式を解くと，$r = s = t = 0$ を得る．したがって，1次関係は自明なものに限るので，$\{\boldsymbol{a}, \boldsymbol{b}, \boldsymbol{c}\}$ は1次独立である．
(2) $r\boldsymbol{a} + s\boldsymbol{b} + t\boldsymbol{c} = \boldsymbol{0}$ とおき，r, s, t を未知数とする連立1次方程式を解くと，次の解を得る．

$$\begin{bmatrix} r \\ s \\ t \end{bmatrix} = c \begin{bmatrix} -3 \\ 2 \\ 1 \end{bmatrix} \quad (c\text{は任意定数})$$

そこで $c = -1$ とおくと，$r = 3,\ s = -2,\ t = -1$ より，$3\boldsymbol{a} - 2\boldsymbol{b} - \boldsymbol{c} = \boldsymbol{0}$ が成り立つ．これは自明でない1次関係であり，$\{\boldsymbol{a}, \boldsymbol{b}, \boldsymbol{c}\}$ は1次従属である．■

さて，例題3(2)に注目すると，$3\boldsymbol{a} - 2\boldsymbol{b} - \boldsymbol{c} = \boldsymbol{0}$ より，$\boldsymbol{a} = \dfrac{2}{3}\boldsymbol{b} + \dfrac{1}{3}\boldsymbol{c}$ が成り立つが，一般に次が成り立つ．

定理 5.1.2

$\{\boldsymbol{a}_1, \boldsymbol{a}_2, \cdots, \boldsymbol{a}_n\}$ が1次従属であるための必要十分条件は，$\boldsymbol{a}_1$, $\boldsymbol{a}_2$, $\cdots$, $\boldsymbol{a}_n$ のうちの少なくとも1つが，他の $n-1$ 個のベクトルの1次結合で表されることである．

証明　(必要性)$\{\boldsymbol{a}_1, \boldsymbol{a}_2, \cdots, \boldsymbol{a}_n\}$ が1次従属とすると，自明でない1次関係

$$c_1\boldsymbol{a}_1 + c_2\boldsymbol{a}_2 + \cdots + c_n\boldsymbol{a}_n = \boldsymbol{0}$$

(ただし，$c_1, c_2, \cdots, c_n$ のうち，少なくとも1つは0でない)

が成り立つ．いま，$c_i \neq 0$ とすると，両辺を c_i で割ることにより，

$$\frac{c_1}{c_i}\boldsymbol{a}_1 + \cdots + \boldsymbol{a}_i + \cdots + \frac{c_n}{c_i}\boldsymbol{a}_n = \boldsymbol{0} \text{ が得られ，}$$

$$\boldsymbol{a}_i = -\frac{c_1}{c_i}\boldsymbol{a}_1 - \cdots - \frac{c_n}{c_i}\boldsymbol{a}_n \text{ が成り立つ．}$$

すなわち，$\boldsymbol{a}_i$ が他の $n-1$ 個のベクトルの1次結合で表された．

(十分性) いま，ある a_i が他の $n-1$ 個のベクトルの1次結合で，以下のように表されたとする．

$$\boldsymbol{a}_i = c_1\boldsymbol{a}_1 + \cdots + c_n\boldsymbol{a}_n$$

$\boldsymbol{a}_i$ を移項してまとめると，

$$c_1\boldsymbol{a}_1 + \cdots + (-1)\boldsymbol{a}_i + \cdots + c_n\boldsymbol{a}_n = \boldsymbol{0}$$

となる．ここで $c_i = -1$ とおくと，$c_i \neq 0$ より，これは自明でない1次関係であり，$\{\boldsymbol{a}_1, \boldsymbol{a}_2, \cdots, \boldsymbol{a}_n\}$ は1次従属である．　■

次の定理は，上記の定理と同様の手法で示されるので，証明は省略する．

定理 5.1.3

$\{\boldsymbol{a}_1, \boldsymbol{a}_2, \cdots, \boldsymbol{a}_n\}$ が1次独立であり，$\{\boldsymbol{b}, \boldsymbol{a}_1, \boldsymbol{a}_2, \cdots, \boldsymbol{a}_n\}$ が1次従属ならば，$\boldsymbol{b}$ は $\boldsymbol{a}_1, \boldsymbol{a}_2, \cdots, \boldsymbol{a}_n$ の1次結合で表される．

問題 5.1

1. 次の (1), (2), (3) において，W が R^3 の部分空間であるかどうかを調べよ．また，W はどのような図形であるか考えよ．

(1) $W = \{\ \boldsymbol{x} \in R^3 \mid 3x - 2y + z = 0\ \}$

(2) $W = \{\ \boldsymbol{x} \in R^3 \mid x + 3y - 4z + 1 = 0\ \}$

(3) $W = \{\ \boldsymbol{x} \in R^3 \mid 2x - 3y + z = 0$ かつ $x + 3y - 5z = 0\ \}$

2. 次の (1), (2) において，3 つのベクトルの集合 $\{\boldsymbol{a}, \boldsymbol{b}, \boldsymbol{c}\}$ は，1 次独立であるかどうかを調べよ．

(1) $\boldsymbol{a} = \begin{bmatrix} 1 \\ 2 \\ 3 \end{bmatrix},\ \boldsymbol{b} = \begin{bmatrix} 2 \\ 3 \\ 1 \end{bmatrix},\ \boldsymbol{c} = \begin{bmatrix} 4 \\ 5 \\ -3 \end{bmatrix}$

(2) $\boldsymbol{a} = \begin{bmatrix} 1 \\ 2 \\ 1 \end{bmatrix},\ \boldsymbol{b} = \begin{bmatrix} 1 \\ 1 \\ 2 \end{bmatrix},\ \boldsymbol{c} = \begin{bmatrix} 2 \\ 1 \\ 1 \end{bmatrix}$

3. 次の 3 つのベクトルの集合 $\{\boldsymbol{a}, \boldsymbol{b}, \boldsymbol{c}\}$ が 1 次従属となるような x の値を求めよ．

$$\boldsymbol{a} = \begin{bmatrix} 1 \\ 1 \\ 1 \end{bmatrix},\ \boldsymbol{b} = \begin{bmatrix} 1 \\ 2 \\ -1 \end{bmatrix},\ \boldsymbol{c} = \begin{bmatrix} 2 \\ x \\ 3 \end{bmatrix}$$

4. 次の (1), (2) の命題は正しいか？　正しければ証明し，正しくなければ反例を挙げよ．

(1)　$\{\boldsymbol{a}, \boldsymbol{b}\}$，$\{\boldsymbol{b}, \boldsymbol{c}\}$，$\{\boldsymbol{c}, \boldsymbol{a}\}$ がそれぞれ 1 次独立ならば，$\{\boldsymbol{a}, \boldsymbol{b}, \boldsymbol{c}\}$ も 1 次独立．

(2)　$\{\boldsymbol{a}, \boldsymbol{b}, \boldsymbol{c}\}$ が 1 次独立ならば，$\{\boldsymbol{a},\ \boldsymbol{a} + \boldsymbol{b},\ \boldsymbol{a} + \boldsymbol{b} + \boldsymbol{c}\}$ も 1 次独立．

5. W_1, W_2 が，ベクトル空間 V の部分空間ならば，$W_1 \cap W_2$ も V の部分空間であることを示せ．

5.2　1次独立なベクトルと行列の階数

次の定理は，ベクトルの個数がベクトルの次数を超えると，1次従属になるということを示している．

> **定理 5.2.1**
> $\boldsymbol{a}_1, \boldsymbol{a}_2, \cdots, \boldsymbol{a}_n$ を，n 個の m 次列ベクトルとする．$n > m$ ならば，$\{\boldsymbol{a}_1, \boldsymbol{a}_2, \cdots, \boldsymbol{a}_n\}$ は1次従属である．

証明　$c_1\boldsymbol{a}_1 + c_2\boldsymbol{a}_2 + \cdots + c_n\boldsymbol{a}_n = \boldsymbol{0}$ とする．

$$A = [\boldsymbol{a}_1, \boldsymbol{a}_2, \cdots, \boldsymbol{a}_n] \text{ とし，} \boldsymbol{c} = \begin{bmatrix} c_1 \\ c_2 \\ \vdots \\ c_n \end{bmatrix} \text{ とおくと，}$$

上記の1次関係は，$A\boldsymbol{c} = \boldsymbol{0}$ という，同次連立1次方程式である．

ここで，A は $m \times n$ 行列であり，$n > m$ と命題 2.3.1 より，$\text{rank}(A) \leqq m$ である．このとき定理 2.3.3 より，$A\boldsymbol{c} = \boldsymbol{0}$ の解に含まれる任意定数の個数は，$n - \text{rank}(A) \geqq n - m > 0$ である．すなわち，$A\boldsymbol{c} = \boldsymbol{0}$ の解には任意定数が含まれるので，自明な解 $\boldsymbol{c} = \boldsymbol{0}$ 以外の解をもつ．したがって，$\{\boldsymbol{a}_1, \boldsymbol{a}_2, \cdots, \boldsymbol{a}_n\}$ は1次従属である．　■

例1　$\boldsymbol{a}_1 = \begin{bmatrix} 2 \\ -3 \\ 1 \end{bmatrix}$, $\boldsymbol{a}_2 = \begin{bmatrix} 3 \\ 1 \\ 0 \end{bmatrix}$, $\boldsymbol{a}_3 = \begin{bmatrix} 0 \\ 2 \\ -5 \end{bmatrix}$, $\boldsymbol{a}_4 = \begin{bmatrix} 4 \\ -3 \\ 2 \end{bmatrix}$ は，

3次列ベクトル4個の集合であり，定理 5.2.1 より1次従属である．　■

1次独立なベクトルの最大個数　ベクトルの集合において，1次独立なベクトルが r 個とれるが，どの $r+1$ 個を選んでも1次従属になるとき，その r を，**1次独立なベクトルの最大個数**という．

> **定理 5.2.2**
> ベクトル空間 V における，n 個のベクトルの集合を $\mathcal{A} = \{\boldsymbol{a}_1, \boldsymbol{a}_2, \cdots, \boldsymbol{a}_n\}$ とする．このとき，次の (1), (2) は同値である．

(1)　$\mathcal{A}$ に含まれる 1 次独立なベクトルの最大個数は r.

(2)　$\mathcal{A}$ の中に r 個の 1 次独立なベクトルが存在し，その他はそれらの 1 次結合となる.

証明　(1) $\Longrightarrow$ (2). $\mathcal{A}$ の中に r 個の 1 次独立なベクトルが存在するので，必要ならば添え字の順番を変えて，それらを，$\boldsymbol{a}_1, \boldsymbol{a}_2, \cdots, \boldsymbol{a}_r$ とする．いま，$\boldsymbol{a}_s$ $(s > r)$ をこのベクトルに付け加えると，$\{\boldsymbol{a}_1, \boldsymbol{a}_2, \cdots, \boldsymbol{a}_r, \boldsymbol{a}_s\}$ は (1) の条件より 1 次従属である．したがって，定理 5.1.3 より，$\boldsymbol{a}_s$ は $\boldsymbol{a}_1, \boldsymbol{a}_2, \cdots, \boldsymbol{a}_r$ の 1 次結合で表される．すなわち，(2) が成り立つ.

(2) $\Longrightarrow$ (1). (2) の条件をみたす $\mathcal{A}$ 内の r 個のベクトルを，必要ならば添え字の順番を変えて，$\boldsymbol{a}_1, \boldsymbol{a}_2, \cdots, \boldsymbol{a}_r$ とする.

いま，$s > r$ とし，$\boldsymbol{b}_1, \boldsymbol{b}_2, \cdots, \boldsymbol{b}_s$ を $\mathcal{A}$ 内の任意の s 個のベクトルとする．このとき，$\{\boldsymbol{b}_1, \boldsymbol{b}_2, \cdots, \boldsymbol{b}_s\}$ が 1 次従属であることを示せばよい．(2) の条件より，各 $\boldsymbol{b}_j$ は $\boldsymbol{a}_1, \boldsymbol{a}_2, \cdots, \boldsymbol{a}_r$ の 1 次結合となるので，

$$① \begin{cases} \boldsymbol{b}_1 = c_{11}\boldsymbol{a}_1 + c_{21}\boldsymbol{a}_2 + \cdots + c_{r1}\boldsymbol{a}_r \\ \boldsymbol{b}_2 = c_{12}\boldsymbol{a}_1 + c_{22}\boldsymbol{a}_2 + \cdots + c_{r2}\boldsymbol{a}_r \\ \quad \cdots \\ \boldsymbol{b}_s = c_{1s}\boldsymbol{a}_1 + c_{2s}\boldsymbol{a}_2 + \cdots + c_{rs}\boldsymbol{a}_r \end{cases}$$

を得る (添え字に注意)．したがって，

$$[\boldsymbol{b}_1, \boldsymbol{b}_2, \cdots, \boldsymbol{b}_s] = [\boldsymbol{a}_1, \boldsymbol{a}_2 \cdots, \boldsymbol{a}_r] \begin{bmatrix} c_{11} & c_{12} & \cdots & c_{1s} \\ c_{21} & c_{22} & \cdots & c_{2s} \\ \vdots & \vdots & \ddots & \vdots \\ c_{r1} & c_{r2} & \cdots & c_{rs} \end{bmatrix}$$

と表される.

上記の行列 $[c_{ij}]$ を，$C = [\boldsymbol{c}_1, \boldsymbol{c}_2, \cdots, \boldsymbol{c}_s]$ と列ベクトル表示すると，各 $\boldsymbol{c}_j$ $(j = 1, 2, \cdots, s)$ は r 次の列ベクトルであり，$s > r$ より，定理 5.2.1 から，$\{\boldsymbol{c}_1, \boldsymbol{c}_2, \cdots, \boldsymbol{c}_s\}$ は 1 次従属となる．さらに，定理 5.1.2 より，この中の少なくとも 1 つのベクトルが他のベクトルの 1 次結合で表される.

いま，必要ならば添え字の順番を変えて，$\boldsymbol{c}_s$ が他のベクトルの 1 次結合となったとする．すなわち，

$$\boldsymbol{c}_s = p_1\boldsymbol{c}_1 + p_2\boldsymbol{c}_2 + \cdots + p_{s-1}\boldsymbol{c}_{s-1} \quad \cdots \text{②}$$

とする．ここで，① をベクトル $\boldsymbol{c}_j$ $(j = 1, 2, \cdots, s)$ を用いて書き換えると，

$$①' \begin{cases} \boldsymbol{b}_1 = [\boldsymbol{a}_1, \boldsymbol{a}_2, \cdots, \boldsymbol{a}_r]\boldsymbol{c}_1 \\ \boldsymbol{b}_2 = [\boldsymbol{a}_1, \boldsymbol{a}_2, \cdots, \boldsymbol{a}_r]\boldsymbol{c}_2 \\ \quad \cdots \\ \boldsymbol{b}_s = [\boldsymbol{a}_1, \boldsymbol{a}_2, \cdots, \boldsymbol{a}_r]\boldsymbol{c}_s \end{cases}$$

したがって，

$$
\begin{aligned}
\boldsymbol{b}_s &= [\boldsymbol{a}_1, \boldsymbol{a}_2, \cdots, \boldsymbol{a}_r]\boldsymbol{c}_s \\
&= [\boldsymbol{a}_1, \boldsymbol{a}_2, \cdots, \boldsymbol{a}_r][p_1\boldsymbol{c}_1 + p_2\boldsymbol{c}_2 + \cdots + p_{s-1}\boldsymbol{c}_{s-1}] \ (\text{②より}) \\
&= p_1[\boldsymbol{a}_1, \boldsymbol{a}_2, \cdots, \boldsymbol{a}_r]\boldsymbol{c}_1 + p_2[\boldsymbol{a}_1, \boldsymbol{a}_2, \cdots, \boldsymbol{a}_r]\boldsymbol{c}_2 + \cdots \\
&\quad \cdots + p_{s-1}[\boldsymbol{a}_1, \boldsymbol{a}_2, \cdots, \boldsymbol{a}_r]\boldsymbol{c}_{s-1} \\
&= p_1\boldsymbol{b}_1 + p_2\boldsymbol{b}_2 + \cdots + p_{s-1}\boldsymbol{b}_{s-1} \ (\text{①}' \text{より})
\end{aligned}
$$

となり，$\boldsymbol{b}_s$ が $\boldsymbol{b}_1, \boldsymbol{b}_2, \cdots, \boldsymbol{b}_{s-1}$ の1次結合で表される．このとき定理5.1.2より，$\{\boldsymbol{b}_1, \boldsymbol{b}_2, \cdots, \boldsymbol{b}_s\}$ は1次従属である．したがって，1次独立なベクトルの最大個数は r であり，(1) が示された． ∎

例題 1

$$
\boldsymbol{a}_1 = \begin{bmatrix} 1 \\ 1 \\ 4 \\ 0 \end{bmatrix}, \ \boldsymbol{a}_2 = \begin{bmatrix} 1 \\ 1 \\ 1 \\ -1 \end{bmatrix}, \ \boldsymbol{a}_3 = \begin{bmatrix} 1 \\ 1 \\ -2 \\ -2 \end{bmatrix}, \ \boldsymbol{a}_4 = \begin{bmatrix} -2 \\ -5 \\ -1 \\ -1 \end{bmatrix}, \ \boldsymbol{a}_5 = \begin{bmatrix} -1 \\ -4 \\ 6 \\ 0 \end{bmatrix}
$$

の中から，1次独立なベクトルを，前から順番に最大個数選び，その他のベクトルを，それらの1次結合で表せ．

解答

$$
A = [\boldsymbol{a}_1, \boldsymbol{a}_2, \boldsymbol{a}_3, \boldsymbol{a}_4, \boldsymbol{a}_5] = \begin{bmatrix} 1 & 1 & 1 & -2 & -1 \\ 1 & 1 & 1 & -5 & -4 \\ 4 & 1 & -2 & -1 & 6 \\ 0 & -1 & -2 & -1 & 0 \end{bmatrix}
$$

とおく．A を行基本変形で簡約化すると，

$$
B = \begin{bmatrix} 1 & 0 & -1 & 0 & 2 \\ 0 & 1 & 2 & 0 & -1 \\ 0 & 0 & 0 & 1 & 1 \\ 0 & 0 & 0 & 0 & 0 \end{bmatrix}
$$

を得る．このとき，$B = [\boldsymbol{b}_1, \boldsymbol{b}_2, \boldsymbol{b}_3, \boldsymbol{b}_4, \boldsymbol{b}_5]$ と列ベクトル表示すると，$\{\boldsymbol{b}_1, \boldsymbol{b}_2, \boldsymbol{b}_3, \boldsymbol{b}_4, \boldsymbol{b}_5\}$ の間には次の関係が成り立つ．

$$
\begin{cases} \{\boldsymbol{b}_1, \boldsymbol{b}_2, \boldsymbol{b}_4\} \text{ が1次独立} \\ \boldsymbol{b}_3 = -\boldsymbol{b}_1 + 2\boldsymbol{b}_2 \\ \boldsymbol{b}_5 = 2\boldsymbol{b}_1 - \boldsymbol{b}_2 + \boldsymbol{b}_4 \end{cases}
$$

ここで，A から B への変形は行のみの基本変形であり，列ベクトル間の関係には影響を与えない．そのため，2.1 節の行基本変形において述べたように，$\{\boldsymbol{b}_1, \boldsymbol{b}_2, \boldsymbol{b}_3, \boldsymbol{b}_4, \boldsymbol{b}_5\}$ における 1 次関係は，$\{\boldsymbol{a}_1, \boldsymbol{a}_2, \boldsymbol{a}_3, \boldsymbol{a}_4, \boldsymbol{a}_5\}$ においても成り立つ．したがって，次の結論を得る．

$$\begin{cases} \{\boldsymbol{a}_1, \boldsymbol{a}_2, \boldsymbol{a}_4\} \text{ が 1 次独立} \\ \boldsymbol{a}_3 = -\boldsymbol{a}_1 + 2\boldsymbol{a}_2 \\ \boldsymbol{a}_5 = 2\boldsymbol{a}_1 - \boldsymbol{a}_2 + \boldsymbol{a}_4 \end{cases}$$

問 1　例題 1 における A から B への簡約化を実行し，確認せよ．また，$\boldsymbol{a}_3 = -\boldsymbol{a}_1 + 2\boldsymbol{a}_2$，$\boldsymbol{a}_5 = 2\boldsymbol{a}_1 - \boldsymbol{a}_2 + \boldsymbol{a}_4$ を確認せよ．

さて，行列 A の rank は，簡約化された行列 B における零ベクトルでない行ベクトルの個数であり，例題 1 の場合，rank(A)$= 3$ である．すなわち，A の 1 次独立な列ベクトルの最大個数に等しいことがわかる．このことを一般化すると，次が成り立つ．証明は省略するが，例題 1 の議論を一般的に記述することにより示される．

定理 5.2.3

A を $m \times n$ 行列とすると，次が成り立つ．

(1)　rank(A) は，A の 1 次独立な行ベクトルの最大個数に等しい．

(2)　rank(A) は，A の 1 次独立な列ベクトルの最大個数に等しい．

さて，これまでのことを総合すると，正方行列に関して次が得られた．

定理 5.2.4

A を n 次正方行列とする．このとき，次の (1), (2), (3), (4), (5) は同値である．

(1)　A は，正則行列．

(2)　A の n 個の行ベクトルは 1 次独立．

(3)　A の n 個の列ベクトルは 1 次独立．

(4)　$\text{rank}(A) = n$

(5)　$|A| \neq 0$

問題 5.2

1.　次の (1), (2) のベクトルの集合において，1次独立なベクトルを，前から順番に最大個数選び，その他のベクトルを，それらの1次結合で表せ．

(1) $\boldsymbol{a}_1 = \begin{bmatrix} -1 \\ 2 \\ 2 \end{bmatrix}$, $\boldsymbol{a}_2 = \begin{bmatrix} 2 \\ -4 \\ -4 \end{bmatrix}$, $\boldsymbol{a}_3 = \begin{bmatrix} 2 \\ 0 \\ 2 \end{bmatrix}$, $\boldsymbol{a}_4 = \begin{bmatrix} 3 \\ 2 \\ 6 \end{bmatrix}$

(2) $\boldsymbol{a}_1 = \begin{bmatrix} 1 \\ 0 \\ 0 \\ 2 \end{bmatrix}$, $\boldsymbol{a}_2 = \begin{bmatrix} 1 \\ 1 \\ 4 \\ 3 \end{bmatrix}$, $\boldsymbol{a}_3 = \begin{bmatrix} 2 \\ 2 \\ 8 \\ 6 \end{bmatrix}$, $\boldsymbol{a}_4 = \begin{bmatrix} 1 \\ 0 \\ 2 \\ 3 \end{bmatrix}$,

$\boldsymbol{a}_5 = \begin{bmatrix} 4 \\ 2 \\ 6 \\ 9 \end{bmatrix}$

2.　$A = \begin{bmatrix} 1 & 0 & 5 \\ 1 & 3 & -1 \\ 0 & 1 & -2 \\ 1 & 1 & 3 \end{bmatrix}$ とし，$A = \begin{bmatrix} \boldsymbol{a}_1 \\ \boldsymbol{a}_2 \\ \boldsymbol{a}_3 \\ \boldsymbol{a}_4 \end{bmatrix}$ を，行ベクトル表示とする．

このとき，A の4つの行ベクトルから，1次独立なベクトルを，上から順番に最大個数選び，その他のベクトルを，それらの1次結合で表せ．

3.　次の4つのベクトル

$$\boldsymbol{a}_1 = \begin{bmatrix} 1 \\ 2 \\ 3 \end{bmatrix}, \ \boldsymbol{a}_2 = \begin{bmatrix} 3 \\ 6 \\ 9 \end{bmatrix}, \ \boldsymbol{a}_3 = \begin{bmatrix} -2 \\ -3 \\ 7x-6 \end{bmatrix}, \ \boldsymbol{a}_4 = \begin{bmatrix} 2 \\ 9 \\ 20x+9 \end{bmatrix}$$

における1次独立なベクトルの最大個数が2となるように，x の値を定めよ．

4. 次の4つのベクトルに対して，以下の (1),(2) に答えよ．

$$\boldsymbol{a}_1 = \begin{bmatrix} 1 \\ -2 \\ 3 \end{bmatrix}, \boldsymbol{a}_2 = \begin{bmatrix} 1 \\ x-4 \\ 3 \end{bmatrix}, \boldsymbol{a}_3 = \begin{bmatrix} -1 \\ x \\ -3 \end{bmatrix}, \boldsymbol{a}_4 = \begin{bmatrix} y \\ -2y \\ 5x+y \end{bmatrix}$$

(1) $\{\boldsymbol{a}_1, \boldsymbol{a}_2, \boldsymbol{a}_3, \boldsymbol{a}_4\}$ における1次独立なベクトルの最大個数が1となるように，x, y の値を定めよ．

(2) $\{\boldsymbol{a}_1, \boldsymbol{a}_2, \boldsymbol{a}_3, \boldsymbol{a}_4\}$ における1次独立なベクトルの最大個数が2となるような，x, y の条件を求めよ．

5. $\{\boldsymbol{a}_1, \boldsymbol{a}_2, \cdots, \boldsymbol{a}_n\}$ が1次独立とすると，0でない実数 $k_1, k_2, \cdots, k_n$ に対して，$\{k_1\boldsymbol{a}_1, k_2\boldsymbol{a}_2, \cdots, k_n\boldsymbol{a}_n\}$ も1次独立であることを証明せよ．

6. A を $\ell \times m$ 行列，B を $m \times n$ 行列とするとき，次を示せ．

(1) $\mathrm{rank}(AB) \leqq \mathrm{rank}(A)$　　(2) $\mathrm{rank}(AB) \leqq \mathrm{rank}(B)$

5.3　ベクトル空間の基底と次元

生成　V をベクトル空間とする．V の任意のベクトルが，ベクトル $\boldsymbol{a}_1, \boldsymbol{a}_2, \cdots, \boldsymbol{a}_n$ の1次結合として表されるとき，$\{\boldsymbol{a}_1, \boldsymbol{a}_2, \cdots, \boldsymbol{a}_n\}$ は V を**生成する**という．

基底　$\{\boldsymbol{a}_1, \boldsymbol{a}_2, \cdots, \boldsymbol{a}_n\}$ が次の条件 (1), (2) をみたすとき，V の**基底**という．

(1)　$\{\boldsymbol{a}_1, \boldsymbol{a}_2, \cdots, \boldsymbol{a}_n\}$ は1次独立．

(2)　$\{\boldsymbol{a}_1, \boldsymbol{a}_2, \cdots, \boldsymbol{a}_n\}$ は V を生成する．

例題1　定理2.4.2の証明において用いた R^n における n 個のベクトル

$$\boldsymbol{e}_1 = \begin{bmatrix} 1 \\ 0 \\ \vdots \\ 0 \end{bmatrix}, \ \boldsymbol{e}_2 = \begin{bmatrix} 0 \\ 1 \\ \vdots \\ 0 \end{bmatrix}, \ \cdots, \ \boldsymbol{e}_n = \begin{bmatrix} 0 \\ 0 \\ \vdots \\ 1 \end{bmatrix}$$

を考える．これらを R^n の**基本ベクトル**という．このとき，$\{\boldsymbol{e}_1, \boldsymbol{e}_2, \cdots, \boldsymbol{e}_n\}$ は R^n の基底であることを示せ．これを R^n の**標準基底**という．

解答　(1) $c_1\boldsymbol{e}_1 + c_2\boldsymbol{e}_2 + \cdots + c_n\boldsymbol{e}_n = \boldsymbol{0}$ とする．これを成分で表すと，

$$c_1 \begin{bmatrix} 1 \\ 0 \\ \vdots \\ 0 \end{bmatrix} + c_2 \begin{bmatrix} 0 \\ 1 \\ \vdots \\ 0 \end{bmatrix} + \cdots + c_n \begin{bmatrix} 0 \\ 0 \\ \vdots \\ 1 \end{bmatrix} = \begin{bmatrix} c_1 \\ c_2 \\ \vdots \\ c_n \end{bmatrix} = \begin{bmatrix} 0 \\ 0 \\ \vdots \\ 0 \end{bmatrix}$$

より，$c_1 = c_2 = \cdots = c_n = 0$．すなわち，$\{\boldsymbol{e}_1, \boldsymbol{e}_2, \cdots, \boldsymbol{e}_n\}$ は1次独立．
(2) $\boldsymbol{a}$ を，R^n の任意のベクトルとする．$\boldsymbol{a}$ を成分で表すと，

$$\boldsymbol{a} = \begin{bmatrix} a_1 \\ a_2 \\ \vdots \\ a_n \end{bmatrix} = \begin{bmatrix} a_1 \\ 0 \\ \vdots \\ 0 \end{bmatrix} + \begin{bmatrix} 0 \\ a_2 \\ \vdots \\ 0 \end{bmatrix} + \cdots + \begin{bmatrix} 0 \\ 0 \\ \vdots \\ a_n \end{bmatrix}$$

$$= a_1\boldsymbol{e}_1 + a_2\boldsymbol{e}_2 + \cdots + a_n\boldsymbol{e}_n$$

より，$\{\boldsymbol{e}_1, \boldsymbol{e}_2, \cdots, \boldsymbol{e}_n\}$ は R^n を生成する．したがって，R^n の基底である．　∎

例題2　R^n の n 個のベクトル $\{\boldsymbol{a}_1, \boldsymbol{a}_2, \cdots, \boldsymbol{a}_n\}$ が1次独立ならば，基底であることを示せ．

解答　$\{\boldsymbol{a}_1, \boldsymbol{a}_2, \cdots, \boldsymbol{a}_n\}$ は 1 次独立より，R^n を生成するということを示せばよい．いま，$\boldsymbol{b}$ を R^n の任意のベクトルとする．このとき，定理 5.2.1 より $\{\boldsymbol{b}, \boldsymbol{a}_1, \boldsymbol{a}_2, \cdots, \boldsymbol{a}_n\}$ は 1 次従属であり，定理 5.1.3 より $\boldsymbol{b}$ は $\{\boldsymbol{a}_1, \boldsymbol{a}_2, \cdots, \boldsymbol{a}_n\}$ の 1 次結合で表される．したがって，R^n を生成するので，基底である．∎

例題 2 より，ベクトル空間においては様々な基底の取り方があることがわかるが，基底を構成するベクトルの個数については，次が成り立つ．

定理 5.3.1
ベクトル空間 V の基底に含まれるベクトルの個数は，基底の取り方によらずに一定である．

証明　$\{\boldsymbol{a}_1, \boldsymbol{a}_2, \cdots, \boldsymbol{a}_n\}$ と $\{\boldsymbol{b}_1, \boldsymbol{b}_2, \cdots, \boldsymbol{b}_m\}$ を，V の 2 組の基底とする．このとき $n = m$ を示せばよい．いま，$\mathcal{A} = \{\boldsymbol{a}_1, \boldsymbol{a}_2, \cdots, \boldsymbol{a}_n, \boldsymbol{b}_1, \boldsymbol{b}_2, \cdots, \boldsymbol{b}_m\}$ というベクトルの集合を考える．$\{\boldsymbol{a}_1, \boldsymbol{a}_2, \cdots, \boldsymbol{a}_n\}$ は基底であることより，1 次独立であり，$\mathcal{A}$ における他のベクトル $\boldsymbol{b}_1, \boldsymbol{b}_2, \cdots, \boldsymbol{b}_m$ を 1 次結合として表すことができる．このとき定理 5.2.2 より，$\mathcal{A}$ における 1 次独立なベクトルの最大個数は n である．一方，$\{\boldsymbol{b}_1, \boldsymbol{b}_2, \cdots, \boldsymbol{b}_m\}$ も 1 次独立である．このとき n の最大性から $n \geqq m$ である．同様にして $n \leqq m$ より，$n = m$ を得る．∎

上記定理と例題 1 より次を得る．

系 5.3.2
R^n の任意の基底は n 個のベクトルからなる．

さて，定理 5.3.1 より，基底に含まれるベクトルの個数は，ベクトル空間によって定まることがわかるので，その値について，次のように定義する．

ベクトル空間の次元　ベクトル空間 V の 1 組の基底に含まれるベクトルの個数を V の**次元**といい，$\dim(V)$ と書く．

注意　有限個のベクトルからなる基底が存在するときは，$\dim(V)$ は有限の値であり，V を有限次元ベクトル空間という．有限個のベクトルからなる基底が存在しないときは，V を無限次元ベクトル空間という．ただし本書では，無限次元ベクトル空間は取り扱わない．なお，V のベクトルが零ベクトルのみのときは，$\dim(V)=0$ とする．

例1　例題1より，$\dim(R^n)=n$ である．

例題3　A を $m\times n$ 行列とし，同次連立1次方程式 $A\boldsymbol{x}=\boldsymbol{0}$ を考え，この解全体の集合を W とする．すなわち，次のように定める．

$$W=\{\ \boldsymbol{x}\in R^n \mid A\boldsymbol{x}=\boldsymbol{0}\ \}$$

このとき，W は R^n の部分空間となることを示せ．

解答　定理5.1.1における (i), (ii), (iii) を示せばよい．まず $A\boldsymbol{0}=\boldsymbol{0}$ より，$\boldsymbol{0}\in W$ である．また，$\boldsymbol{x},\boldsymbol{y}\in W$ とすると，$A\boldsymbol{x}=\boldsymbol{0}$, $A\boldsymbol{y}=\boldsymbol{0}$ であり，$A(\boldsymbol{x}+\boldsymbol{y})=A\boldsymbol{x}+A\boldsymbol{y}=\boldsymbol{0}+\boldsymbol{0}=\boldsymbol{0}$ より，$\boldsymbol{x}+\boldsymbol{y}\in W$ である．最後に，$\boldsymbol{x}\in W$ と定数 c に対して，$A(c\boldsymbol{x})=cA\boldsymbol{x}=c\boldsymbol{0}=\boldsymbol{0}$ より，$c\boldsymbol{x}\in W$．すなわち (i), (ii), (iii) がみたされて，W は部分空間である．

解空間　例題3における R^n の部分空間 W を，同次連立1次方程式 $A\boldsymbol{x}=\boldsymbol{0}$ の解空間という．

例題4　同次連立1次方程式 $\begin{cases} 2x-4y+6z=0 \\ x-2y+3z=0 \end{cases}$ の解空間 W を求め，1組の基底と次元を求めよ．

解答　係数行列を簡約化すると，$\begin{bmatrix} 1 & -2 & 3 \\ 0 & 0 & 0 \end{bmatrix}$ となる．

したがって，与えられた連立1次方程式は，$x-2y+3z=0$ と同値である．このとき，$x=2y-3z$ であり，$y=c_1, z=c_2$ とおくと，

$$\begin{bmatrix} x \\ y \\ z \end{bmatrix}=\begin{bmatrix} 2c_1-3c_2 \\ c_1 \\ c_2 \end{bmatrix}=c_1\begin{bmatrix} 2 \\ 1 \\ 0 \end{bmatrix}+c_2\begin{bmatrix} -3 \\ 0 \\ 1 \end{bmatrix}$$

このとき，W は次のように表される．

$$W=\left\{ c_1\begin{bmatrix} 2 \\ 1 \\ 0 \end{bmatrix}+c_2\begin{bmatrix} -3 \\ 0 \\ 1 \end{bmatrix}\in R^3 \ \middle|\ c_1, c_2 \text{ は任意定数} \right\}$$

基底は W を生成する2つのベクトルであり，$\dim(W)=2$.

問 1 連立 1 次方程式 $\begin{cases} x-3y+5z=0 \\ 2x-5y+7z=0 \end{cases}$ の解空間 W を求め，1 組の基底と次元を求めよ．

解空間の次元については，次が成り立つ．

定理 5.3.3
A を $m \times n$ 行列とし，同次連立 1 次方程式 $A\boldsymbol{x}=\boldsymbol{0}$ の解空間を W とする．このとき，$\dim(W)=n-\mathrm{rank}(A)$ が成り立つ．

証明 $A\boldsymbol{x}=\boldsymbol{0}$ を解くために，A を簡約化して行列 B を得る．B の $\boldsymbol{0}$ でない行ベクトルの数が $\mathrm{rank}(A)$ であり，定理 2.3.3 より，解に含まれる任意定数の個数は $n-\mathrm{rank}(A)$ である．例題 4 と同様に考えて，任意定数の個数が基底を構成するベクトルの個数に一致するので，$\dim(W)=n-\mathrm{rank}(A)$ である． ■

例題 5 実数係数の n 次までの多項式全体の集合を $R[x]^n$ と書く．$R[x]^n$ は，通常の多項式の和と定数倍によって，ベクトル空間となる．このとき，$R[x]^n$ の基底と次元を求めよ．

解答 実数係数の n 次までの多項式は，$a_0x^n+a_1x^{n-1}+\cdots+a_{n-1}x+a_n$ と表され，これは，$x^n, x^{n-1}, \cdots, x, 1$ の 1 次結合である．また，$\{x^n, x^{n-1}, \cdots, x, 1\}$ は 1 次独立である (例題 6)．したがって，これら $n+1$ 個の単項式の集合が $R[x]^n$ の標準的な基底となり，$\dim(R[x]^n)=n+1$ である． ■

例題 6 $\{x^n, x^{n-1}, \cdots, x, 1\}$ は $R[x]^n$ において 1 次独立であることを示せ．

解答 $$c_0x^n+c_1x^{n-1}+\cdots+c_{n-1}x+c_n=0 \quad \cdots \text{①}$$
とする．この ① に $x=0$ を代入すると，$c_n=0$ である．
① の両辺を微分すると，
$$nc_0x^{n-1}+(n-1)c_1x^{n-2}+\cdots+c_{n-1}=0 \quad \cdots \text{②}$$
を得る．この ② に $x=0$ を代入すると，$c_{n-1}=0$ である．
これを繰り返して，
$$c_0=c_1=\ \cdots\ =c_n=0$$
を得る．したがって，$\{x^n, x^{n-1}, \cdots, x, 1\}$ は 1 次独立である． ■

次元があらかじめわかっているベクトル空間 V において，ベクトルの集合が基底となるかどうかについては，次が成り立つ．

定理 5.3.4

$\dim(V) = n$ とする．V の n 個のベクトル $\{\boldsymbol{a}_1, \boldsymbol{a}_2, \cdots, \boldsymbol{a}_n\}$ について，次の (1), (2) は同値である．したがって，どちらかが成り立てば基底である．

(1)　$\{\boldsymbol{a}_1, \boldsymbol{a}_2, \cdots, \boldsymbol{a}_n\}$ は1次独立．

(2)　$\{\boldsymbol{a}_1, \boldsymbol{a}_2, \cdots, \boldsymbol{a}_n\}$ は V を生成する．

証明　(1) $\Longrightarrow$ (2)．$\boldsymbol{x}$ を V の任意のベクトルとする．$\dim(V) = n$ より，n 個のベクトルからなる基底が存在するのでそれを $\{\boldsymbol{b}_1, \boldsymbol{b}_2, \cdots, \boldsymbol{b}_n\}$ とし，ベクトルの集合 $\mathcal{A} = \{\boldsymbol{x}, \boldsymbol{a}_1, \boldsymbol{a}_2, \cdots, \boldsymbol{a}_n, \boldsymbol{b}_1, \boldsymbol{b}_2, \cdots, \boldsymbol{b}_n\}$ を考える．このとき，$\{\boldsymbol{b}_1, \boldsymbol{b}_2, \cdots, \boldsymbol{b}_n\}$ は定理 5.2.2 (2) の条件をみたすので，定理 5.2.2 (1) より，$\mathcal{A}$ に含まれる1次独立なベクトルの最大個数は n である．したがって $\{\boldsymbol{x}, \boldsymbol{a}_1, \boldsymbol{a}_2, \cdots, \boldsymbol{a}_n\}$ は1次従属であり，定理 5.1.3 より，$\boldsymbol{x}$ は $\{\boldsymbol{a}_1, \boldsymbol{a}_2, \cdots, \boldsymbol{a}_n\}$ の1次結合となる．すなわち，$\{\boldsymbol{a}_1, \boldsymbol{a}_2, \cdots, \boldsymbol{a}_n\}$ は V を生成する．

(2) $\Longrightarrow$ (1)．$\{\boldsymbol{a}_1, \boldsymbol{a}_2, \cdots, \boldsymbol{a}_n\}$ が1次従属とする．定理 5.1.2 より，必要ならば添え字の順番を変えて，$\boldsymbol{a}_n$ が，$\{\boldsymbol{a}_1, \boldsymbol{a}_2, \cdots, \boldsymbol{a}_{n-1}\}$ の1次結合で表されるとしてよい．このとき，$\{\boldsymbol{a}_1, \boldsymbol{a}_2, \cdots, \boldsymbol{a}_{n-1}\}$ が V を生成することになる．$\{\boldsymbol{a}_1, \boldsymbol{a}_2, \cdots, \boldsymbol{a}_{n-1}\}$ が1次従属ならばさらにこれを繰り返すことにより，ある $k < n$ において1次独立な集合 $\{\boldsymbol{a}_1, \boldsymbol{a}_2, \cdots, \boldsymbol{a}_k\}$ が存在し，V を生成することになる．これは $\dim(V) = n$ に反するので，$\{\boldsymbol{a}_1, \boldsymbol{a}_2, \cdots, \boldsymbol{a}_n\}$ は1次独立である．∎

問題 5.3

1.　次の行列 A に対して，同次連立1次方程式 $A\boldsymbol{x} = \boldsymbol{0}$ の解空間 W と，その1組の基底および次元を求めよ．

(1) $A = \begin{bmatrix} 2 & 1 \\ -4 & -2 \end{bmatrix}$　　(2) $A = \begin{bmatrix} 1 & 1 & -2 \\ -2 & -2 & 4 \end{bmatrix}$

(3) $A = \begin{bmatrix} 1 & 1 & -2 \\ 2 & -3 & 6 \end{bmatrix}$　(4) $A = \begin{bmatrix} 1 & -2 & 3 & 1 \\ 2 & 0 & -2 & 6 \\ 1 & 2 & -5 & 5 \end{bmatrix}$

2. 次のベクトル空間 W の 1 組の基底および次元を求めよ.

(1) $W = \{f(x) \in R[x]^2 \mid f(-1) = 0\}$

(2) $W = \{f(x) \in R[x]^3 \mid f(1) = 0, f'(1) = 0\}$

3. $\{\boldsymbol{a}_1, \boldsymbol{a}_2, \boldsymbol{a}_3\}$ が, ベクトル空間 V の基底であるとき, 次のベクトルの集合 $\{\boldsymbol{b}_1, \boldsymbol{b}_2, \boldsymbol{b}_3\}$ は基底であるかどうか, 調べよ.

(1) $\boldsymbol{b}_1 = \boldsymbol{a}_1 + \boldsymbol{a}_2 + 2\boldsymbol{a}_3$, $\boldsymbol{b}_2 = 2\boldsymbol{a}_1 + 3\boldsymbol{a}_2 + \boldsymbol{a}_3, \boldsymbol{b}_3 = \boldsymbol{a}_1 + 2\boldsymbol{a}_2 + \boldsymbol{a}_3$

(2) $\boldsymbol{b}_1 = \boldsymbol{a}_1 + 4\boldsymbol{a}_2 - 2\boldsymbol{a}_3$, $\boldsymbol{b}_2 = 2\boldsymbol{a}_1 + 3\boldsymbol{a}_2 + \boldsymbol{a}_3$, $\boldsymbol{b}_3 = -\boldsymbol{a}_1 + \boldsymbol{a}_2 - 3\boldsymbol{a}_3$

4. V を $\dim(V) = n$ のベクトル空間とする. V のベクトル $\{\boldsymbol{a}_1, \boldsymbol{a}_2, \cdots, \boldsymbol{a}_r\}$ $(r < n)$ が 1 次独立ならば, $\{\boldsymbol{a}_1, \boldsymbol{a}_2, \cdots, \boldsymbol{a}_r\}$ を含む V の基底が存在することを示せ.

5. $\{\boldsymbol{a}_1, \boldsymbol{a}_2, \cdots, \boldsymbol{a}_n\}$ をベクトル空間 V の基底とし, n 次行列 A により, $[\boldsymbol{b}_1, \boldsymbol{b}_2, \cdots, \boldsymbol{b}_n] = [\boldsymbol{a}_1, \boldsymbol{a}_2, \cdots, \boldsymbol{a}_n]A$ であるとする. このとき, $\{\boldsymbol{b}_1, \boldsymbol{b}_2, \cdots, \boldsymbol{b}_n\}$ が V の基底であるための必要十分条件は A が正則であることを示せ.

第6章　線形写像

6.1　線形写像と表現行列

線形写像　2つのベクトル空間 U, V に対して, U から V への写像 $f: U \to V$ が次の条件 (1), (2) をみたすとき，f を**線形写像**という.

(1)　$f(\boldsymbol{x}+\boldsymbol{y}) = f(\boldsymbol{x}) + f(\boldsymbol{y})$ ($\boldsymbol{x}$, $\boldsymbol{y}$ は U のベクトル)

(2)　$f(c\boldsymbol{x}) = cf(\boldsymbol{x})$ (c は定数)

例 1　正比例 $y = ax$ (a は比例定数) は，R^1 から R^1 への線形写像である.

例題 1　A を $m \times n$ 行列とする. $\boldsymbol{x} \in R^n$ に対して $A\boldsymbol{x} \in R^m$ であり，$f: R^n \to R^m$ を $f(\boldsymbol{x}) = A\boldsymbol{x}$ と定めると，f は線形写像になることを示せ.

解答　(1) $f(\boldsymbol{x}+\boldsymbol{y}) = A(\boldsymbol{x}+\boldsymbol{y}) = A\boldsymbol{x} + A\boldsymbol{y} = f(\boldsymbol{x}) + f(\boldsymbol{y})$
(2) $f(c\boldsymbol{x}) = A(c\boldsymbol{x}) = cA\boldsymbol{x} = cf(\boldsymbol{x})$ より，f は線形写像である.

例題 1 における線形写像 f を，行列 A から**導かれた線形写像**といい，f_A と書く.

核と像　線形写像 $f: U \to V$ に対して,

$\mathrm{Ker}(f) = \{\boldsymbol{x} \in U \mid f(\boldsymbol{x}) = \boldsymbol{0}\}$ を，f の**核** (Kernel) という.

$\mathrm{Im}(f) = \{f(\boldsymbol{x}) \in V \mid \boldsymbol{x} \in U\}$ を，f の**像** (Image) という.

次の定理の証明は省略する (問題 6.1.4).

定理 6.1.1
線形写像 $f: U \to V$ に対して,
(1)　$\mathrm{Ker}(f)$ は U の部分空間である.
(2)　$\mathrm{Im}(f)$ は V の部分空間である.

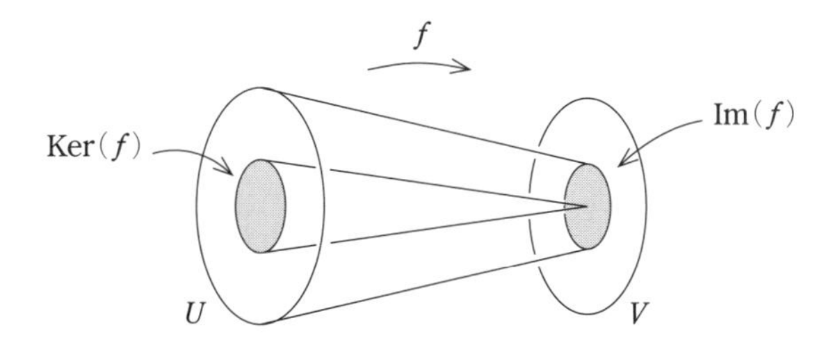

図 6.1　核と像

例題 2　$f_A : R^n \to R^m$ を，$m \times n$ 行列 A から導かれた線形写像とする．このとき，$\mathrm{Ker}(f_A)$ は，$A\boldsymbol{x} = \boldsymbol{0}$ の解空間であることを示せ．

解答　解空間は，$W = \{\, \boldsymbol{x} \in R^n \mid A\boldsymbol{x} = \boldsymbol{0} \,\}$ と定義される．一方，$\mathrm{Ker}(f_A)$ は，$\{\, \boldsymbol{x} \in R^n \mid f_A(\boldsymbol{x}) = \boldsymbol{0} \,\}$ と定義される．線形写像の定義より，$f_A(\boldsymbol{x}) = A\boldsymbol{x}$ であり，両者は一致する．∎

定理 6.1.2

$f_A : R^n \to R^m$ において，$\mathrm{Ker}(f_A), \mathrm{Im}(f_A)$ はそれぞれ R^n および R^m の部分空間であるが，それらの次元については，次の関係が成り立つ．

$$\dim(\mathrm{Ker}(f_A)) + \dim(\mathrm{Im}(f_A)) = n$$

証明　例題 2 より，$\mathrm{Ker}(f_A)$ は，$A\boldsymbol{x} = \boldsymbol{0}$ の解空間であり，定理 5.3.3 より，

$$\dim(\mathrm{Ker}(f_A)) = n - \mathrm{rank}(A) \quad \cdots \text{①}$$

が成り立つ．次に，$\mathrm{Im}(f_A) = \{f_A(\boldsymbol{x}) \in R^m \mid \boldsymbol{x} \in R^n\}$ について考える．

$$\boldsymbol{x} = \begin{bmatrix} x_1 \\ x_2 \\ \vdots \\ x_n \end{bmatrix} \text{ とし，} \quad A = [\boldsymbol{a}_1, \boldsymbol{a}_2, \cdots, \boldsymbol{a}_n] \text{ とすると，}$$

$$f_A(\boldsymbol{x}) = A\boldsymbol{x} = [\boldsymbol{a}_1, \boldsymbol{a}_2, \cdots, \boldsymbol{a}_n] \begin{bmatrix} x_1 \\ x_2 \\ \vdots \\ x_n \end{bmatrix} = x_1\boldsymbol{a}_1 + x_2\boldsymbol{a}_2 + \cdots + x_n\boldsymbol{a}_n$$

より，

$$\mathrm{Im}(f_A) = \{x_1\boldsymbol{a}_1 + x_2\boldsymbol{a}_2 + \cdots + x_n\boldsymbol{a}_n \in R^m \mid x_1, x_2, \cdots, x_n \text{ は実数}\}$$

となる．したがって，$\mathrm{Im}(f_A)$ は，$\{\boldsymbol{a}_1, \boldsymbol{a}_2, \cdots, \boldsymbol{a}_n\}$ の１次結合全体からなる空間である．ここで定理 5.2.3 より，$\{\boldsymbol{a}_1, \boldsymbol{a}_2, \cdots, \boldsymbol{a}_n\}$ の中の１次独立なベクトルの最大個数が $\mathrm{rank}(A)$ である．

そこで，必要ならば添え字の順番を変えて，そのような１次独立なベクトルを $\{\boldsymbol{a}_1, \boldsymbol{a}_2, \cdots, \boldsymbol{a}_r\}$ (ただし，$r = \mathrm{rank}(A)$) とする．このとき，定理 5.2.2 (2) と上記のことから，$\mathrm{Im}(f_A)$ は $\{\boldsymbol{a}_1, \boldsymbol{a}_2, \cdots, \boldsymbol{a}_r\}$ から生成されるベクトル空間である．したがって，$\{\boldsymbol{a}_1, \boldsymbol{a}_2, \cdots, \boldsymbol{a}_r\}$ は $\mathrm{Im}(f_A)$ の基底であり，

$$\dim(\mathrm{Im}(f_A)) = \mathrm{rank}(A) \ \cdots \ ②$$

が成り立つ．この ② を ① に代入すると，求める等式を得る．　■

一般のベクトル空間においては，次が成り立つ．証明は省略する．

定理 6.1.3

$f : U \to V$ を線形写像とすると，次の関係が成り立つ．

$$\dim(\mathrm{Ker}(f)) + \dim(\mathrm{Im}(f)) = \dim(U)$$

1 次変換 (線形変換)　ベクトル空間 V から V 自身への線形写像を，V 上の **1 次変換**または**線形変換**という．

表現行列　$f : R^n \to R^n$ を R^n 上の１次変換とする．また, $\{\boldsymbol{a}_1, \boldsymbol{a}_2, \cdots, \boldsymbol{a}_n\}$ を，R^n の１組の基底とする．このとき，$f(\boldsymbol{a}_1), f(\boldsymbol{a}_2), \cdots, f(\boldsymbol{a}_n)$ は R^n のベクトルであり，基底の１次結合となるので，以下のように書き表される (添え字に注意).

$$f(\boldsymbol{a}_1) = b_{11}\boldsymbol{a}_1 + b_{21}\boldsymbol{a}_2 + \cdots + b_{n1}\boldsymbol{a}_n$$

$$f(\boldsymbol{a}_2) = b_{12}\boldsymbol{a}_1 + b_{22}\boldsymbol{a}_2 + \cdots + b_{n2}\boldsymbol{a}_n$$

$$\cdots$$

$$f(\boldsymbol{a}_n) = b_{1n}\boldsymbol{a}_1 + b_{2n}\boldsymbol{a}_2 + \cdots + b_{nn}\boldsymbol{a}_n$$

したがって，

$$[f(\boldsymbol{a}_1), f(\boldsymbol{a}_2), \cdots, f(\boldsymbol{a}_n)] = [\boldsymbol{a}_1, \boldsymbol{a}_2, \cdots, \boldsymbol{a}_n]\begin{bmatrix} b_{11} & b_{12} & \cdots & b_{1n} \\ b_{21} & b_{22} & \cdots & b_{2n} \\ \vdots & \vdots & \ddots & \vdots \\ b_{n1} & b_{n2} & \cdots & b_{nn} \end{bmatrix}$$

と書ける．右辺の行列を B とおき，R^n の基底 $\{\boldsymbol{a}_1, \boldsymbol{a}_2, \cdots, \boldsymbol{a}_n\}$ に関する f の**表現行列**という．通常は R^n の基底として，標準基底を用いている．

例題 3　$f: R^2 \to R^2$ を，行列 $\begin{bmatrix} 2 & 3 \\ 3 & 5 \end{bmatrix}$ から導かれた 1 次変換とする．また，$\boldsymbol{a}_1 = \begin{bmatrix} 2 \\ 1 \end{bmatrix}$，$\boldsymbol{a}_2 = \begin{bmatrix} -3 \\ 2 \end{bmatrix}$ とおく．

このとき，R^2 の基底 $\{\boldsymbol{a}_1, \boldsymbol{a}_2\}$ に関する f の表現行列を求めよ．

解答　$f(\boldsymbol{a}_1) = r\boldsymbol{a}_1 + s\boldsymbol{a}_2$，$f(\boldsymbol{a}_2) = t\boldsymbol{a}_1 + u\boldsymbol{a}_2$ とおくと，

$$[f(\boldsymbol{a}_1), f(\boldsymbol{a}_2)] = [\boldsymbol{a}_1, \boldsymbol{a}_2]\begin{bmatrix} r & t \\ s & u \end{bmatrix}$$

である．

$$f(\boldsymbol{a}_1) = f\left(\begin{bmatrix} 2 \\ 1 \end{bmatrix}\right) = \begin{bmatrix} 2 & 3 \\ 3 & 5 \end{bmatrix}\begin{bmatrix} 2 \\ 1 \end{bmatrix} = \begin{bmatrix} 7 \\ 11 \end{bmatrix}$$

$$f(\boldsymbol{a}_2) = f\left(\begin{bmatrix} -3 \\ 2 \end{bmatrix}\right) = \begin{bmatrix} 2 & 3 \\ 3 & 5 \end{bmatrix}\begin{bmatrix} -3 \\ 2 \end{bmatrix} = \begin{bmatrix} 0 \\ 1 \end{bmatrix}$$

より，

$$\begin{bmatrix} 7 & 0 \\ 11 & 1 \end{bmatrix} = \begin{bmatrix} 2 & -3 \\ 1 & 2 \end{bmatrix}\begin{bmatrix} r & t \\ s & u \end{bmatrix}$$

を得る．したがって，表現行列は，

$$\begin{bmatrix} r & t \\ s & u \end{bmatrix} = \begin{bmatrix} 2 & -3 \\ 1 & 2 \end{bmatrix}^{-1}\begin{bmatrix} 7 & 0 \\ 11 & 1 \end{bmatrix} = \frac{1}{7}\begin{bmatrix} 47 & 3 \\ 15 & 2 \end{bmatrix}$$

となる．　∎

定理 6.1.4

$f : R^n \to R^n$ を R^n 上の1次変換とし，A を，標準基底に関する f の表現行列とする．すなわち，f は A から導かれた1次変換である．$\{\boldsymbol{a}_1, \boldsymbol{a}_2, \cdots, \boldsymbol{a}_n\}$ を R^n の1組の基底とし，B をこの基底に関する f の表現行列とする．このとき，$P = [\boldsymbol{a}_1, \boldsymbol{a}_2, \cdots, \boldsymbol{a}_n]$ とおくと，次が成り立つ．

$$B = P^{-1}AP$$

証明　$f(\boldsymbol{a}_j)$ $(j = 1, 2, \cdots, n)$ を $\{\boldsymbol{a}_1, \boldsymbol{a}_2, \cdots, \boldsymbol{a}_n\}$ の1次結合で書き表すと，以下のようになる (添え字に注意).

$$f(\boldsymbol{a}_1) = b_{11}\boldsymbol{a}_1 + b_{21}\boldsymbol{a}_2 + \cdots + b_{n1}\boldsymbol{a}_n$$

$$f(\boldsymbol{a}_2) = b_{12}\boldsymbol{a}_1 + b_{22}\boldsymbol{a}_2 + \cdots + b_{n2}\boldsymbol{a}_n$$

$$\cdots$$

$$f(\boldsymbol{a}_n) = b_{1n}\boldsymbol{a}_1 + b_{2n}\boldsymbol{a}_2 + \cdots + b_{nn}\boldsymbol{a}_n$$

したがって，$B = [b_{ij}]$ とおくと，

$$[f(\boldsymbol{a}_1), f(\boldsymbol{a}_2), \cdots, f(\boldsymbol{a}_n)] = [\boldsymbol{a}_1, \boldsymbol{a}_2, \cdots, \boldsymbol{a}_n]B$$

を得る．ここで，$f(\boldsymbol{a}_j) = A\boldsymbol{a}_j$ $(j = 1, 2, \cdots, n)$ に注意すると，

$$[A\boldsymbol{a}_1, A\boldsymbol{a}_2, \cdots, A\boldsymbol{a}_n] = [\boldsymbol{a}_1, \boldsymbol{a}_2, \cdots, \boldsymbol{a}_n]B$$

であり，

$$A[\boldsymbol{a}_1, \boldsymbol{a}_2, \cdots, \boldsymbol{a}_n] = [\boldsymbol{a}_1, \boldsymbol{a}_2, \cdots, \boldsymbol{a}_n]B$$

を得る．そこで，$P = [\boldsymbol{a}_1, \boldsymbol{a}_2, \cdots, \boldsymbol{a}_n]$ とおくと，$AP = PB$ より，結論を得る．∎

例 2　例題3では，$A = \begin{bmatrix} 2 & 3 \\ 3 & 5 \end{bmatrix}$，$P = [\boldsymbol{a}_1, \boldsymbol{a}_2] = \begin{bmatrix} 2 & -3 \\ 1 & 2 \end{bmatrix}$，$P^{-1} = \dfrac{1}{7}\begin{bmatrix} 2 & 3 \\ -1 & 2 \end{bmatrix}$ より，$B = P^{-1}AP = \dfrac{1}{7}\begin{bmatrix} 47 & 3 \\ 15 & 2 \end{bmatrix}$ である．∎

問題 6.1

1. $f : R^2 \to R^2$ を，行列 $\begin{bmatrix} 1 & 3 \\ 2 & 5 \end{bmatrix}$ から導かれた 1 次変換とする．このとき，次の (1), (2) における基底に関する f の表現行列を求めよ．

(1) $\boldsymbol{a}_1 = \begin{bmatrix} 1 \\ 1 \end{bmatrix}$, $\boldsymbol{a}_2 = \begin{bmatrix} 0 \\ -1 \end{bmatrix}$　(2) $\boldsymbol{a}_1 = \begin{bmatrix} 2 \\ 1 \end{bmatrix}$, $\boldsymbol{a}_2 = \begin{bmatrix} 3 \\ 4 \end{bmatrix}$

2. $f : R^3 \to R^3$ を，行列 $\begin{bmatrix} 1 & 0 & 1 \\ 0 & 2 & 3 \\ 1 & -1 & 0 \end{bmatrix}$ から導かれた 1 次変換とする．このとき，次の (1), (2) における基底に関する f の表現行列を求めよ．

(1) $\boldsymbol{a}_1 = \begin{bmatrix} 1 \\ 1 \\ 0 \end{bmatrix}$, $\boldsymbol{a}_2 = \begin{bmatrix} -1 \\ 0 \\ 1 \end{bmatrix}$, $\boldsymbol{a}_3 = \begin{bmatrix} 0 \\ 0 \\ 1 \end{bmatrix}$

(2) $\boldsymbol{a}_1 = \begin{bmatrix} 1 \\ 0 \\ 1 \end{bmatrix}$, $\boldsymbol{a}_2 = \begin{bmatrix} 0 \\ 1 \\ 0 \end{bmatrix}$, $\boldsymbol{a}_3 = \begin{bmatrix} 1 \\ 1 \\ -1 \end{bmatrix}$

3. $A = \begin{bmatrix} 1 & -2 & 0 & 3 \\ 1 & -2 & 2 & -1 \\ 3 & -6 & 2 & 5 \end{bmatrix}$ とし，$f_A : R^4 \to R^3$ を A から導かれた線形写像とする．このとき，$\mathrm{Ker}(f_A)$ の 1 組の基底と次元を求めよ．また，$\mathrm{Im}(f_A)$ の 1 組の基底と次元を求めよ．

ヒント：$\mathrm{Im}(f_A)$ の基底の求め方は，5.2 節例題 1 を参考にせよ．

4. $f : U \to V$ を線形写像とする．

(1) U の零ベクトル $\mathbf{0}$ に対して，$f(\mathbf{0}) = \mathbf{0}$ を示せ．

(2) $\mathrm{Ker}(f)$ が U の部分空間であることを示せ．

(3) $\mathrm{Im}(f)$ が V の部分空間であることを示せ．

6.2　固有値と固有ベクトル

固有値と固有ベクトル　n 次正方行列 A に対して,

$$Ax = \lambda x \ (x \neq \mathbf{0})$$

をみたすベクトル $\boldsymbol{x}$ と定数 λ が存在するとき, λ を A の**固有値**, $\boldsymbol{x}$ を固有値 λ に属する A の**固有ベクトル**という.

例 1　$A = \begin{bmatrix} 1 & 3 \\ 4 & 2 \end{bmatrix}$, $\boldsymbol{x}_1 = \begin{bmatrix} 3 \\ 4 \end{bmatrix}$, $\boldsymbol{x}_2 = \begin{bmatrix} 1 \\ -1 \end{bmatrix}$, $\boldsymbol{x}_3 = \begin{bmatrix} 1 \\ 2 \end{bmatrix}$ とする.

このとき,

$$A\boldsymbol{x}_1 = \begin{bmatrix} 1 & 3 \\ 4 & 2 \end{bmatrix}\begin{bmatrix} 3 \\ 4 \end{bmatrix} = \begin{bmatrix} 15 \\ 20 \end{bmatrix} = 5\begin{bmatrix} 3 \\ 4 \end{bmatrix} = 5\boldsymbol{x}_1$$

$$A\boldsymbol{x}_2 = \begin{bmatrix} 1 & 3 \\ 4 & 2 \end{bmatrix}\begin{bmatrix} 1 \\ -1 \end{bmatrix} = \begin{bmatrix} -2 \\ 2 \end{bmatrix} = -2\begin{bmatrix} 1 \\ -1 \end{bmatrix} = -2\boldsymbol{x}_2$$

$$A\boldsymbol{x}_3 = \begin{bmatrix} 1 & 3 \\ 4 & 2 \end{bmatrix}\begin{bmatrix} 1 \\ 2 \end{bmatrix} = \begin{bmatrix} 7 \\ 8 \end{bmatrix} \neq \lambda\boldsymbol{x}_3$$

したがって, $5, -2$ は A の固有値であり, $\boldsymbol{x}_1, \boldsymbol{x}_2$ はそれぞれ $5, -2$ に属する A の固有ベクトルである. ▮

固有多項式と固有方程式　n 次正方行列 A に対して,

$$g_A(t) = |tE - A|$$

を, A の**固有多項式**という. また,

$$|tE - A| = 0$$

を, A の**固有方程式**という. ここで E は n 次単位行列である.

例題 1　$A = \begin{bmatrix} 1 & 3 \\ 4 & 2 \end{bmatrix}$ のとき, A の固有方程式とその解を求めよ.

解答　$|tE - A| = \begin{vmatrix} t-1 & -3 \\ -4 & t-2 \end{vmatrix} = (t-1)(t-2) - 12 = t^2 - 3t - 10$ より,

固有方程式は，$t^2-3t-10=0$ である．またその解は，$(t-5)(t+2)=0$ より，$t=5,-2$ である．∎

定理 6.2.1
λ が A の固有値であるための必要十分条件は，固有方程式の解となることである．

証明　λ を A の固有値とすると，$A\boldsymbol{x}=\lambda\boldsymbol{x}$ $(\boldsymbol{x}\neq\boldsymbol{0})$ をみたすベクトル $\boldsymbol{x}$ が存在する．したがって，

$$\lambda\boldsymbol{x}-A\boldsymbol{x}=\boldsymbol{0}$$

である．ここで，n 次単位行列 E に対して，$\boldsymbol{x}=E\boldsymbol{x}$ より，これを上記の式に代入すると，$\lambda E\boldsymbol{x}-A\boldsymbol{x}=\boldsymbol{0}$ より，

$$(\lambda E-A)\boldsymbol{x}=\boldsymbol{0}\ \cdots\ ①$$

という同次連立 1 次方程式を得る．

ここで，$\boldsymbol{x}\neq\boldsymbol{0}$ より，① は自明でない解をもつので，系 3.4.5 より，$|\lambda E-A|=0$ である．したがって，λ は固有方程式 $|tE-A|=0$ の解である．

逆に，λ が固有方程式 $|tE-A|=0$ の解とすると，$\lambda E-A$ を係数行列とする同次連立 1 次方程式 ① は，系 3.4.5 より自明でない解 $\boldsymbol{x}\neq\boldsymbol{0}$ をもつ．このとき，$A\boldsymbol{x}=\lambda\boldsymbol{x}$ であり，λ は A の固有値となる．∎

上記の定理 6.2.1 より，$A=\begin{bmatrix}1&3\\4&2\end{bmatrix}$ の固有値は，例題 1 における解 $t=5,-2$ の 2 つであることがわかる．また，定理 6.2.1 の証明から，固有値 λ に属する固有ベクトル $\boldsymbol{x}$ は，同次連立 1 次方程式 ① の解であることがわかる．

例題 2　$A=\begin{bmatrix}1&3\\4&2\end{bmatrix}$ の固有値 $\lambda=5,-2$ に属する固有ベクトルを求めよ．

解答　(1) $\lambda=5$ のとき．$\lambda E-A=\begin{bmatrix}4&-3\\-4&3\end{bmatrix}$ より，固有ベクトルを $\boldsymbol{x}=\begin{bmatrix}x\\y\end{bmatrix}$ とすると，定理 6.2.1 の証明における ① は，

$$\begin{bmatrix}4&-3\\-4&3\end{bmatrix}\begin{bmatrix}x\\y\end{bmatrix}=\begin{bmatrix}0\\0\end{bmatrix}\ \text{となる．}$$

これを計算すると，$4x-3y=0$ より，$\boldsymbol{x}=c\begin{bmatrix}3\\4\end{bmatrix}$ $(c\neq 0)$ を得る．

注意　固有ベクトルの定義より，$\mathbf{0}$ は固有ベクトルではないので，$c\neq 0$ としている．

(2) $\lambda=-2$ のとき．$\lambda E-A=\begin{bmatrix}-3&-3\\-4&-4\end{bmatrix}$ より，固有ベクトルを $\boldsymbol{x}=\begin{bmatrix}x\\y\end{bmatrix}$ とすると，定理 6.2.1 の証明における ① は，

$$\begin{bmatrix}-3&-3\\-4&-4\end{bmatrix}\begin{bmatrix}x\\y\end{bmatrix}=\begin{bmatrix}0\\0\end{bmatrix}\text{ となる．}$$

これを計算すると，$x+y=0$ より，$\boldsymbol{x}=c\begin{bmatrix}1\\-1\end{bmatrix}$ $(c\neq 0)$ を得る．　■

さて，$A=\begin{bmatrix}1&3\\4&2\end{bmatrix}$ の固有多項式は，$g_A(t)=|tE-A|=t^2-3t-10$ であった．ここで，この変数 t に，行列 A を代入して計算すると，

$$\begin{aligned}g_A(A)&=A^2-3A-10E\\&=\begin{bmatrix}1&3\\4&2\end{bmatrix}\begin{bmatrix}1&3\\4&2\end{bmatrix}-3\begin{bmatrix}1&3\\4&2\end{bmatrix}-10\begin{bmatrix}1&0\\0&1\end{bmatrix}\\&=\begin{bmatrix}13&9\\12&16\end{bmatrix}-\begin{bmatrix}3&9\\12&6\end{bmatrix}-\begin{bmatrix}10&0\\0&10\end{bmatrix}=\begin{bmatrix}0&0\\0&0\end{bmatrix}=O\end{aligned}$$

すなわち，$g_A(A)=O$ となる．実はこのことは，次のように一般的に成り立つ．証明は省略する．

> **定理 6.2.2 (ケーリー・ハミルトンの定理)**
> A の固有多項式 $g_A(t)$ に対して，$g_A(A)=O$ が成り立つ．

例題 3　$A=\begin{bmatrix}5&-3\\1&-2\end{bmatrix}$ のとき，$A^5-3A^4-7A^3+A^2-2A-9E$ を求めよ．

解答 $g_A(t) = |tE - A| = \begin{vmatrix} t-5 & 3 \\ -1 & t+2 \end{vmatrix} = t^2 - 3t - 7$ であり，定理 6.2.2 から，$A^2 - 3A - 7E = O$ である．したがって，

$$\begin{aligned} &A^5 - 3A^4 - 7A^3 + A^2 - 2A - 9E \\ &= A^3(A^2 - 3A - 7E) + (A^2 - 3A - 7E) + A - 2E \\ &= A - 2E \\ &= \begin{bmatrix} 5 & -3 \\ 1 & -2 \end{bmatrix} - 2\begin{bmatrix} 1 & 0 \\ 0 & 1 \end{bmatrix} = \begin{bmatrix} 3 & -3 \\ 1 & -4 \end{bmatrix} \end{aligned}$$

∎

固有値と固有ベクトル (1 次変換)　V をベクトル空間とし，$f : V \to V$ を，V 上の 1 次変換とする．

$$f(\boldsymbol{x}) = \lambda \boldsymbol{x} \ (\boldsymbol{x} \neq \boldsymbol{0})$$

をみたすベクトル $\boldsymbol{x}$ と定数 λ が存在するとき，λ を f の**固有値**，$\boldsymbol{x}$ を固有値 λ に属する f の**固有ベクトル**という．

固有空間　λ を $f : V \to V$ の固有値とするとき，λ に属する固有ベクトル全体と $\boldsymbol{0}$ は，V の部分空間になる (問題 6.2.4)．これを $W(\lambda; f)$ と書き，固有値 λ に属する f の**固有空間**という．1 次変換 f が行列 A で表されているとき (A から導かれているとき)，その固有空間を $W(\lambda; A)$ と書く．

命題 6.2.3
P を正則行列とするとき，$P^{-1}AP$ の固有多項式 $g_{P^{-1}AP}(t)$ と，A の固有多項式 $g_A(t)$ は，一致する．

証明 $g_{P^{-1}AP}(t) = |tE - P^{-1}AP| = |tP^{-1}EP - P^{-1}AP| = |P^{-1}(tE - A)P| = |P^{-1}||tE - A||P| = |tE - A| = g_A(t)$ ∎

上記命題と定理 6.1.4 より，1 次変換 f の固有値は，表現行列に依存しないことがわかる．

例題 4　$f : R^2 \to R^2$ を $A = \begin{bmatrix} 1 & 3 \\ 4 & 2 \end{bmatrix}$ で表される 1 次変換とする．このと

き，f の固有空間をすべて求めよ．

解答　例題1より，A の固有値は $5, -2$ である．このとき例題2より，各固有値に属する固有空間は，以下の通りである．

$$W(5;A)=\left\{c\begin{bmatrix}3\\4\end{bmatrix}\in R^2\;\middle|\;c\text{ は任意定数}\right\}$$

$$W(-2;A)=\left\{c\begin{bmatrix}1\\-1\end{bmatrix}\in R^2\;\middle|\;c\text{ は任意定数}\right\}$$

例題4で求めた2つの固有空間を図示すると，R^2 において原点を通る2つの直線 $y=\dfrac{4}{3}x$, $y=-x$ となる (図6.2)．固有ベクトルは1次変換 f によって，固有値をかけたベクトルに移るため，これらの直線上のベクトルは f により再び同じ直線上のベクトルとなる．すなわち，この2つの直線は f では動かない直線である．これが，固有値と固有ベクトル，および固有空間の幾何的な意味である．

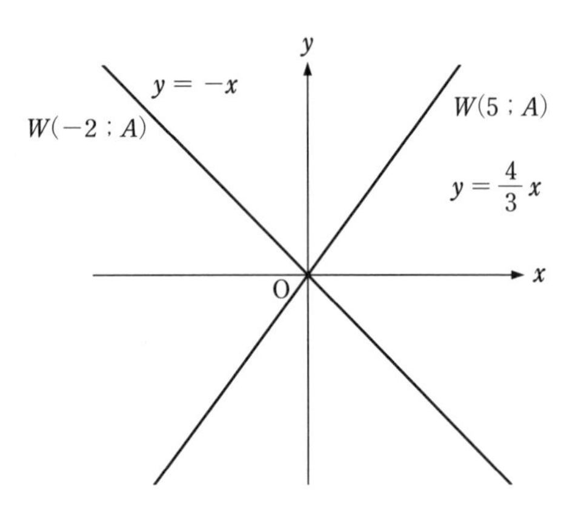

図 6.2　固有空間

問題 6.2

1. 次の行列の固有値と，各固有値に属する固有空間を求めよ．また，固有空間を図示せよ．

(1) $\begin{bmatrix} 2 & 8 \\ 2 & -4 \end{bmatrix}$　(2) $\begin{bmatrix} 2 & 1 \\ \frac{1}{2} & \frac{3}{2} \end{bmatrix}$

(3) $\begin{bmatrix} 7 & -4 \\ 8 & -5 \end{bmatrix}$　(4) $\begin{bmatrix} 1 & -2 \\ 2 & -3 \end{bmatrix}$

2. 次の行列の固有値と，各固有値に属する固有空間を求めよ．また，固有空間を図示せよ．

(1) $A = \begin{bmatrix} 7 & 12 & 0 \\ -2 & -3 & 0 \\ 2 & 4 & 1 \end{bmatrix}$　(2) $A = \begin{bmatrix} -1 & 0 & -2 \\ 3 & 2 & 2 \\ 1 & -1 & 3 \end{bmatrix}$

3. $A = \begin{bmatrix} -3 & -2 \\ 6 & 5 \end{bmatrix}$ とするとき，次の $f(t)$ に対して，ケーリー・ハミルトンの定理を用い，行列 $f(A)$ を求めよ．

(1) $f(t) = t^5 - 2t^4 - 3t^3 + 2t^2 - 3t - 8$

(2) $f(t) = t^4 - 2t^2 + 1$

(3) $f(t) = t^{100} - 2t^{99} - 3t^{98} + t^5 - 2t^4 - 3t^3 + 2t + 1$

4. V をベクトル空間とし，λ を行列 A の 1 つの固有値とする．λ に属する A の固有ベクトル全体と $\mathbf{0}$ は，V の部分空間になることを示せ．

5. 行列 A が上三角行列ならば，A の固有値は対角成分であることを示せ．

6. 行列 A の固有値と ${}^tA$ の固有値は一致することを示せ．

7. λ が行列 A の固有値ならば，λ^m は A^m の固有値であることを示せ．

6.3　行列の対角化

対角成分以外の成分がすべて0であるような正方行列を，対角行列と呼ぶことを思い出そう．

行列の対角化　A を n 次正方行列とする．ある正則行列 P によって，$P^{-1}AP$ が対角行列になるとき，A は**対角化可能**という．また，このような操作を**対角化**という．

例1　$A = \begin{bmatrix} 8 & -10 \\ 5 & -7 \end{bmatrix}$，　$P = \begin{bmatrix} 2 & 1 \\ 1 & 1 \end{bmatrix}$ とする．このとき，

$$P^{-1}AP = \begin{bmatrix} 1 & -1 \\ -1 & 2 \end{bmatrix}\begin{bmatrix} 8 & -10 \\ 5 & -7 \end{bmatrix}\begin{bmatrix} 2 & 1 \\ 1 & 1 \end{bmatrix} = \begin{bmatrix} 3 & 0 \\ 0 & -2 \end{bmatrix}$$

したがって，A は対角化可能である．　■

例題1　$A = \begin{bmatrix} 8 & -10 \\ 5 & -7 \end{bmatrix}$ のとき，A^n を求めよ．

解答　例1より，$P = \begin{bmatrix} 2 & 1 \\ 1 & 1 \end{bmatrix}$ とすると，$P^{-1}AP = \begin{bmatrix} 3 & 0 \\ 0 & -2 \end{bmatrix}$ である．この両辺を n 乗すると，

$$(P^{-1}AP)^n = \begin{bmatrix} 3 & 0 \\ 0 & -2 \end{bmatrix}^n = \begin{bmatrix} 3^n & 0 \\ 0 & (-2)^n \end{bmatrix}$$

となる．ここで，$(P^{-1}AP)^n = (P^{-1}AP)(P^{-1}AP)\cdots(P^{-1}AP) = P^{-1}A^nP$ より，

$$P^{-1}A^nP = \begin{bmatrix} 3^n & 0 \\ 0 & (-2)^n \end{bmatrix}$$

を得る．したがって，

$$A^n = \begin{bmatrix} 2 & 1 \\ 1 & 1 \end{bmatrix}\begin{bmatrix} 3^n & 0 \\ 0 & (-2)^n \end{bmatrix}\begin{bmatrix} 1 & -1 \\ -1 & 2 \end{bmatrix}$$

$$= \begin{bmatrix} 2\cdot 3^n - (-2)^n & -2\cdot 3^n + 2\cdot(-2)^n \\ 3^n - (-2)^n & -3^n + 2\cdot(-2)^n \end{bmatrix}$$　■

さて，行列が対角化できるということはどういうことであるか，考えてみよ

う．まず，行列 A が行列 P で対角化できたとする．このとき，

$$P^{-1}AP = \begin{bmatrix} \alpha_1 & & & 0 \\ & \alpha_2 & & \\ & & \ddots & \\ 0 & & & \alpha_n \end{bmatrix}$$

より，

$$AP = P \begin{bmatrix} \alpha_1 & & & 0 \\ & \alpha_2 & & \\ & & \ddots & \\ 0 & & & \alpha_n \end{bmatrix}$$

である．そこで，$P = [\boldsymbol{p}_1, \boldsymbol{p}_2, \cdots, \boldsymbol{p}_n]$ (各 $\boldsymbol{p}_i$ は列ベクトル) とおくと，

$$A[\boldsymbol{p}_1, \boldsymbol{p}_2, \cdots, \boldsymbol{p}_n] = [\boldsymbol{p}_1, \boldsymbol{p}_2, \cdots, \boldsymbol{p}_n] \begin{bmatrix} \alpha_1 & & & 0 \\ & \alpha_2 & & \\ & & \ddots & \\ 0 & & & \alpha_n \end{bmatrix}$$

であり，

$$[A\boldsymbol{p}_1, A\boldsymbol{p}_2, \cdots, A\boldsymbol{p}_n] = [\alpha_1\boldsymbol{p}_1, \alpha_2\boldsymbol{p}_2, \cdots, \alpha_n\boldsymbol{p}_n]$$

より，

$$A\boldsymbol{p}_i = \alpha_i\boldsymbol{p}_i \ (i = 1, 2, \cdots, n)$$

を得る．

すなわち，α_i は A の固有値であり，$\boldsymbol{p}_i$ は α_i に属する A の固有ベクトルであることを意味する．

以上により，A が P で対角化できたとき，対角線には固有値が並び，行列 P の列ベクトルは各固有値に属する固有ベクトルであることがわかった．しかも，P は正則行列であり，定理 5.2.4 より，P を構成する n 個の列ベクトルは 1 次独立である．また逆に，n 個の 1 次独立な A の固有ベクトルが存在す

れば，上記の議論を逆にたどることにより，A は対角化可能であり，対角化する行列は，それらの固有ベクトルを並べた行列であることがわかる．以上をまとめると，次が得られた．

定理 6.3.1
n 次正方行列 A が対角化可能であるための必要十分条件は，n 個の 1 次独立な固有ベクトルが存在することである．

固有ベクトルの 1 次独立性については，次が成り立つ．

定理 6.3.2
n 次正方行列 A の相異なる固有値に属する固有ベクトルは，1 次独立である．

証明　$\alpha_1, \alpha_2, \cdots, \alpha_r$ を A の相異なる固有値とし，$\boldsymbol{a}_1, \boldsymbol{a}_2, \cdots, \boldsymbol{a}_r$ をそれらの固有値に属する A の固有ベクトルとする．$\{\boldsymbol{a}_1, \boldsymbol{a}_2, \cdots, \boldsymbol{a}_r\}$ が 1 次独立であることを示すために，1 次従属と仮定する．このとき，ある k に対して $\{\boldsymbol{a}_1, \boldsymbol{a}_2, \cdots, \boldsymbol{a}_k\}$ は 1 次独立であり，$\{\boldsymbol{a}_1, \boldsymbol{a}_2, \cdots, \boldsymbol{a}_{k+1}\}$ は 1 次従属としてよい．このとき，定理 5.1.3 より，$\boldsymbol{a}_{k+1}$ は $\{\boldsymbol{a}_1, \boldsymbol{a}_2, \cdots, \boldsymbol{a}_k\}$ の 1 次結合となる．すなわち，

$$\boldsymbol{a}_{k+1} = c_1\boldsymbol{a}_1 + c_2\boldsymbol{a}_2 + \cdots + c_k\boldsymbol{a}_k \cdots ①$$

が成り立つ．この ① の両辺に左から A を掛けると，$A\boldsymbol{a}_i = \alpha\boldsymbol{a}_i$ より，

$$\alpha_{k+1}\boldsymbol{a}_{k+1} = c_1\alpha_1\boldsymbol{a}_1 + c_2\alpha_2\boldsymbol{a}_2 + \cdots + c_k\alpha_k\boldsymbol{a}_k \cdots ②$$

を得る．一方，① の両辺に左から α_{k+1} を掛けると，

$$\alpha_{k+1}\boldsymbol{a}_{k+1} = c_1\alpha_{k+1}\boldsymbol{a}_1 + c_2\alpha_{k+1}\boldsymbol{a}_2 + \cdots + c_k\alpha_{k+1}\boldsymbol{a}_k \cdots ③$$

を得る．そこで，② から ③ を引くと，

$$\mathbf{0} = c_1(\alpha_1 - \alpha_{k+1})\boldsymbol{a}_1 + c_2(\alpha_2 - \alpha_{k+1})\boldsymbol{a}_2 + \cdots + c_k(\alpha_k - \alpha_{k+1})\boldsymbol{a}_k \cdots ④$$

を得る．$\{\boldsymbol{a}_1, \boldsymbol{a}_2, \cdots, \boldsymbol{a}_k\}$ は 1 次独立より，

$$c_1(\alpha_1 - \alpha_{k+1}) = c_2(\alpha_2 - \alpha_{k+1}) = \cdots = c_k(\alpha_k - \alpha_{k+1}) = 0 \cdots ⑤$$

を得る．$\alpha_1, \alpha_2, \cdots, \alpha_{k+1}$ は相異なる固有値より，$c_1 = c_2 = \cdots = c_k = 0$ となり，$\boldsymbol{a}_{k+1} = \mathbf{0}$．これは不合理であり，$\{\boldsymbol{a}_1, \boldsymbol{a}_2, \cdots, \boldsymbol{a}_r\}$ は 1 次独立である．■

定理 6.3.1 と定理 6.3.2 より，次の系を得る．

系 6.3.3
n 次正方行列 A が相異なる n 個の固有値をもてば，A は対角化可能である．

さて，定理 6.3.2 より，n 次正方行列 A の相異なる固有空間に属する固有ベクトルは 1 次独立であることがわかる．そこで，1 つの固有空間における 1 次独立なベクトルの個数を考えると，それはその固有空間の次元 $\dim(W(\lambda;A))$ に一致する．したがって，各固有空間の次元が各固有値の固有方程式における重複度に一致するならば，1 次独立な固有ベクトルが n 個とれることになり，定理 6.3.1 より対角化可能である．逆に対角化可能であるとき，より精密な議論により，各固有値の固有方程式における重複度の数だけ，同じ固有値が対角線に並んでいることが示され，その個数が，固有空間の次元となる．したがって，次を得る．

定理 6.3.4
n 次正方行列 A が対角化可能であるための必要十分条件は，A の各固有空間の次元が，その固有値の固有方程式における重複度に一致することである．

例題 2　次の行列を対角化せよ．

(1) $A = \begin{bmatrix} 1 & 3 \\ 4 & 2 \end{bmatrix}$　　(2) $A = \begin{bmatrix} 2 & -1 \\ 1 & 4 \end{bmatrix}$

解答　(1) 6.2 節例題 1 より，A の固有値 λ は $5, -2$ である．また，

$\lambda = 5$ に属する固有ベクトルは，$\boldsymbol{x} = c\begin{bmatrix} 3 \\ 4 \end{bmatrix}$ $(c \neq 0)$ であり，

$\lambda = -2$ に属する固有ベクトルは，$\boldsymbol{x} = c\begin{bmatrix} 1 \\ -1 \end{bmatrix}$ $(c \neq 0)$ である．

そこで，各場合において，任意定数 c を 1 として，固有ベクトルを 1 つ求めて，

$\boldsymbol{p}_1 = \begin{bmatrix} 3 \\ 4 \end{bmatrix}$, $\boldsymbol{p}_2 = \begin{bmatrix} 1 \\ -1 \end{bmatrix}$ とし，$P = [\boldsymbol{p}_1, \boldsymbol{p}_2] = \begin{bmatrix} 3 & 1 \\ 4 & -1 \end{bmatrix}$ とする．

このとき，$P^{-1}AP = \begin{bmatrix} 5 & 0 \\ 0 & -2 \end{bmatrix}$ である．

(2) $|tE - A| = \begin{vmatrix} t-2 & 1 \\ -1 & t-4 \end{vmatrix} = (t-3)^2 = 0$ より，固有値 $\lambda = 3$（重解）である．

$$3E - A = \begin{bmatrix} 1 & 1 \\ -1 & -1 \end{bmatrix}$$

より，固有値 $\lambda = 3$ に属する固有ベクトルを $\boldsymbol{x} = \begin{bmatrix} x \\ y \end{bmatrix}$ とすると，

$$\begin{bmatrix} 1 & 1 \\ -1 & -1 \end{bmatrix}\begin{bmatrix} x \\ y \end{bmatrix} = \begin{bmatrix} 0 \\ 0 \end{bmatrix}$$

である．したがって，$\boldsymbol{x} = c\begin{bmatrix} 1 \\ -1 \end{bmatrix}$ $(c \neq 0)$ となり，1 次独立な固有ベクトルは 1 つだけである．このとき，定理 6.3.1 より A は対角化できない．■

問 1　行列 $A = \begin{bmatrix} 3 & 1 \\ 1 & 3 \end{bmatrix}$ を対角化せよ

問題 6.3

1. 次の行列を対角化せよ．

(1) $\begin{bmatrix} 1 & 4 \\ 4 & -5 \end{bmatrix}$ (2) $\begin{bmatrix} 4 & 1 \\ -4 & 0 \end{bmatrix}$

(3) $\begin{bmatrix} -2 & 10 \\ -2 & 7 \end{bmatrix}$ (4) $\begin{bmatrix} 7 & -6 \\ 3 & -2 \end{bmatrix}$

2. 次の行列を対角化せよ．

(1) $A = \begin{bmatrix} -3 & -2 & -2 \\ 4 & 3 & 2 \\ 8 & 4 & 5 \end{bmatrix}$ (2) $A = \begin{bmatrix} 2 & -1 & 2 \\ 1 & 0 & 2 \\ -2 & 2 & -1 \end{bmatrix}$

3. $A = \begin{bmatrix} -1 & 2 \\ 2 & -1 \end{bmatrix}$ とするとき，A^n を求めよ．

4. n 次正方行列 A が正則行列であるための必要十分条件は，固有値 0 をもたないことであることを示せ．

5. n 次正方行列 $A = [a_{ij}]$ に対して，対角成分の和 $a_{11} + a_{22} + \cdots + a_{nn}$ を A の**トレース**といい，$\mathrm{tr}(A)$ と書く．

いま，$A = \begin{bmatrix} a & b \\ c & d \end{bmatrix}$ とするとき，A の固有値がすべて実数であるための必要十分条件は，$\mathrm{tr}(A)^2 \geqq 4|A|$ であることを示せ．

6. $A = [a_{ij}]$ を 3 次正方行列とする．A の固有多項式を $g_A(t) = t^3 + at^2 + bt + c$ とすると，次が成り立つことを示せ．

(1) $a = -\mathrm{tr}(A)$

(2) $b = \begin{vmatrix} a_{11} & a_{12} \\ a_{21} & a_{22} \end{vmatrix} + \begin{vmatrix} a_{11} & a_{13} \\ a_{31} & a_{33} \end{vmatrix} + \begin{vmatrix} a_{22} & a_{23} \\ a_{32} & a_{33} \end{vmatrix}$

(3) $c = -|A|$

第7章　計量ベクトル空間

7.1　内積

これまで R^n の内積については，何度か考察したが，本節では，一般ベクトル空間における内積について考察する．

内積と計量ベクトル空間　ベクトル空間 V における任意の2つのベクトル $\boldsymbol{a}, \boldsymbol{b}$ に対して，実数が対応しており，その値を $(\boldsymbol{a}, \boldsymbol{b})$ と書く．このとき，この対応が次の4つの条件をみたすならば，**内積**という．また，内積が定められたベクトル空間を**計量ベクトル空間**という．

(1)　$(\boldsymbol{a}, \boldsymbol{b}) = (\boldsymbol{b}, \boldsymbol{a})$

(2)　$(\boldsymbol{a} + \boldsymbol{b}, \boldsymbol{c}) = (\boldsymbol{a}, \boldsymbol{c}) + (\boldsymbol{b}, \boldsymbol{c})$ ($\boldsymbol{c}$ は V のベクトル)

(3)　$c(\boldsymbol{a}, \boldsymbol{b}) = (c\boldsymbol{a}, \boldsymbol{b}) = (\boldsymbol{a}, c\boldsymbol{b})$ (c は定数)

(4)　$(\boldsymbol{a}, \boldsymbol{a}) \geqq 0$　特に　$(\boldsymbol{a}, \boldsymbol{a}) = 0 \Longleftrightarrow \boldsymbol{a} = \boldsymbol{0}$

これらの4つの条件は，4.1節で述べた内積の基本性質と同じである．そこでは，内積を定められた式で定義し，それがこれらの性質をもつと述べた．しかし，一般的にその性質を内積の本質と考え，そのような性質をもつ対応をすべて内積と呼ぶわけである．また，内積が定められると，ベクトル空間内の曲線の長さや，図形の面積・体積などを測ることができる．これが，計量ベクトル空間という言葉の意味である．

例題1　n 次元数ベクトル空間 R^n における2つのベクトル

$$\boldsymbol{a} = \begin{bmatrix} a_1 \\ a_2 \\ \vdots \\ a_n \end{bmatrix}, \quad \boldsymbol{b} = \begin{bmatrix} b_1 \\ b_2 \\ \vdots \\ b_n \end{bmatrix}$$

に対して,

$$(\boldsymbol{a}, \boldsymbol{b}) = {}^t\boldsymbol{a}\boldsymbol{b} = a_1b_1 + a_2b_2 + \cdots + a_nb_n$$

と定める．このとき $(\boldsymbol{a}, \boldsymbol{b})$ は，R^n の内積となることを示せ．これを R^n における**標準的な内積**という．

解答　(1) 実数の掛け算は，順序を入れ換えても値は同じになるので，$(\boldsymbol{a}, \boldsymbol{b}) = (\boldsymbol{b}, \boldsymbol{a})$ である．

(2) ベクトル $\boldsymbol{c} = \begin{bmatrix} c_1 \\ c_2 \\ \vdots \\ c_n \end{bmatrix}$ とすると，

$$\begin{aligned}(\boldsymbol{a}+\boldsymbol{b}, \boldsymbol{c}) &= (a_1+b_1)c_1 + (a_2+b_2)c_2 + \cdots + (a_n+b_n)c_n \\ &= (a_1c_1 + a_2c_2 + \cdots + a_nc_n) + (b_1c_1 + b_2c_2 + \cdots + b_nc_n) \\ &= (\boldsymbol{a}, \boldsymbol{c}) + (\boldsymbol{b}, \boldsymbol{c})\end{aligned}$$

(3) 定数倍は，実数の掛け算であり，(1) と同様に順序を入れ換えても値は同じになるので，$c(\boldsymbol{a}, \boldsymbol{b}) = (c\boldsymbol{a}, \boldsymbol{b}) = (\boldsymbol{a}, c\boldsymbol{b})$ である．

(4) $(\boldsymbol{a}, \boldsymbol{a}) = a_1a_1 + a_2a_2 + \cdots + a_na_n = {a_1}^2 + {a_2}^2 + \cdots + {a_n}^2 \geqq 0$ であり，

$$(\boldsymbol{a}, \boldsymbol{a}) = 0 \iff {a_1}^2 + {a_2}^2 + \cdots + {a_n}^2 = 0 \iff \boldsymbol{a} = \boldsymbol{0}$$

例題 2　$R[x]^n$ における 2 つの多項式 $f(x)$, $g(x)$ に対して,

$$(f, g) = \int_{-1}^{1} f(x)g(x)dx$$

と定める．このとき (f, g) は，$R[x]^n$ の内積になることを示せ．

解答　(1) $(f, g) = \int_{-1}^{1} f(x)g(x)dx = \int_{-1}^{1} g(x)f(x)dx = (g, f)$

(2) $h(x)$ を $R[x]^n$ の多項式とする．このとき，

$$\begin{aligned}(f+g, h) &= \int_{-1}^{1} (f(x)+g(x))h(x)dx = \int_{-1}^{1} (f(x)h(x) + g(x)h(x))dx \\ &= \int_{-1}^{1} f(x)h(x)dx + \int_{-1}^{1} g(x)h(x)dx = (f, h) + (g, h)\end{aligned}$$

(3) $c\int_{-1}^{1} f(x)g(x)dx = \int_{-1}^{1} cf(x)g(x)dx = \int_{-1}^{1} f(x)cg(x)dx$ より，

$$c(f, g) = (cf, g) = (f, cg)$$

(4) $(f,f)=\int_{-1}^{1} f(x)f(x)dx=\int_{-1}^{1} f(x)^2dx \geqq 0$

$$\text{特に，}\int_{-1}^{1} f(x)^2dx=0 \Longleftrightarrow f(x)=0$$

▮

ベクトルの大きさ　ベクトル $\boldsymbol{a}$ に対して，$(\boldsymbol{a},\boldsymbol{a})\geqq 0$ より，

$$|\boldsymbol{a}|=\sqrt{(\boldsymbol{a},\boldsymbol{a})}$$

と定め，これを $\boldsymbol{a}$ の**大きさ (ノルム)** という．

例 1　$\boldsymbol{a}=\begin{bmatrix} 2 \\ 3 \\ -1 \end{bmatrix}$ のとき，$|\boldsymbol{a}|=\sqrt{2^2+3^2+(-1)^2}=\sqrt{14}$ である．▮

▮ **問 1**　例題2における内積を用いて，$f(x)=x^2+2x+1$ の大きさを求めよ．

例題 3　$\boldsymbol{a},\boldsymbol{b}$ を R^n のベクトルとし，$(\boldsymbol{a},\boldsymbol{b})$ を，標準的な内積とする．$\boldsymbol{a}$ と $\boldsymbol{b}$ のなす角を θ $(0\leqq\theta\leqq\pi)$ とすると，次が成り立つことを示せ．

$$(\boldsymbol{a},\boldsymbol{b})=|\boldsymbol{a}||\boldsymbol{b}|\cos\theta$$

解答　R^n 内の点 A, B を，$\boldsymbol{a}=\overrightarrow{\mathrm{OA}}$, $\boldsymbol{b}=\overrightarrow{\mathrm{OB}}$ となるようにとる．ここで O は R^n の原点である．△OAB に余弦定理を適用すると，$\mathrm{AB}=|\boldsymbol{b}-\boldsymbol{a}|$, $\mathrm{OA}=|\boldsymbol{a}|$, $\mathrm{OB}=|\boldsymbol{b}|$ より，$|\boldsymbol{b}-\boldsymbol{a}|^2=|\boldsymbol{a}|^2+|\boldsymbol{b}|^2-2|\boldsymbol{a}||\boldsymbol{b}|\cos\theta$ を得る (4.1節参照)．したがって，$|\boldsymbol{a}||\boldsymbol{b}|\cos\theta=\frac{1}{2}(|\boldsymbol{a}|^2+|\boldsymbol{b}|^2-|\boldsymbol{b}-\boldsymbol{a}|^2)$ の右辺を成分を用いて書き表すことにより，求める等式を得る (4.1節問1参照)．▮

定理 7.1.1
計量ベクトル空間 V におけるベクトル $\boldsymbol{a}$ の大きさについて，以下が成り立つ．

(1)　$|c\boldsymbol{a}|=|c||\boldsymbol{a}|$ (c は定数)

(2)　$|(\boldsymbol{a},\boldsymbol{b})|\leqq|\boldsymbol{a}|\,|\boldsymbol{b}|$ (シュワルツの不等式)

(3)　$|\boldsymbol{a}+\boldsymbol{b}|\leqq|\boldsymbol{a}|+|\boldsymbol{b}|$ (三角不等式)

証明　(1) $|c\boldsymbol{a}|^2 = (c\boldsymbol{a}, c\boldsymbol{a}) = c^2(\boldsymbol{a}, \boldsymbol{a}) = c^2|\boldsymbol{a}|^2$ より，$|c\boldsymbol{a}| = |c||\boldsymbol{a}|$

(2) $\boldsymbol{a} = \boldsymbol{0}$ のときは自明なので，$\boldsymbol{a} \neq \boldsymbol{0}$ とする．t を実数の変数とすると，$t\boldsymbol{a} + \boldsymbol{b}$ は 1 つのベクトルであるので，それ自身の内積をとり，次のような t の関数を考える．

$$f(t) = (t\boldsymbol{a} + \boldsymbol{b}, t\boldsymbol{a} + \boldsymbol{b})$$

このとき，

$$f(t) = t^2(\boldsymbol{a}, \boldsymbol{a}) + 2t(\boldsymbol{a}, \boldsymbol{b}) + (\boldsymbol{b}, \boldsymbol{b}) = t^2|\boldsymbol{a}|^2 + 2t(\boldsymbol{a}, \boldsymbol{b}) + |\boldsymbol{b}|^2$$

より，$f(t)$ は t の 2 次関数である．しかも，$f(t) = |t\boldsymbol{a} + \boldsymbol{b}|^2 \geqq 0$ より，判別式 $D \leqq 0$ である．

したがって，$\dfrac{D}{4} = (\boldsymbol{a}, \boldsymbol{b})^2 - |\boldsymbol{a}|^2\,|\boldsymbol{b}|^2 \leqq 0$ より，$|(\boldsymbol{a}, \boldsymbol{b})| \leqq |\boldsymbol{a}|\,|\boldsymbol{b}|$ を得る．

(3)
$$\begin{aligned} |\boldsymbol{a} + \boldsymbol{b}|^2 &= (\boldsymbol{a} + \boldsymbol{b}, \boldsymbol{a} + \boldsymbol{b}) = (\boldsymbol{a}, \boldsymbol{a}) + 2(\boldsymbol{a}, \boldsymbol{b}) + (\boldsymbol{b}, \boldsymbol{b}) \\ &= |\boldsymbol{a}|^2 + 2(\boldsymbol{a}, \boldsymbol{b}) + |\boldsymbol{b}|^2 \\ &\leqq |\boldsymbol{a}|^2 + 2|\boldsymbol{a}|\,|\boldsymbol{b}| + |\boldsymbol{b}|^2 = (|\boldsymbol{a}| + |\boldsymbol{b}|)^2 \ \text{((2) の不等式より)} \end{aligned}$$

したがって，$|\boldsymbol{a} + \boldsymbol{b}| \leqq |\boldsymbol{a}| + |\boldsymbol{b}|$ を得る．　■

注意　R^n の標準的な内積では，$(\boldsymbol{a}, \boldsymbol{b}) = |\boldsymbol{a}||\boldsymbol{b}|\cos\theta$ が成り立つので，$|\cos\theta| \leqq 1$ より，$|(\boldsymbol{a}, \boldsymbol{b})| \leqq |\boldsymbol{a}|\,|\boldsymbol{b}|$ は明らかである．定理 7.1.1 (2) は，一般のベクトル空間でも同様の不等式が成り立つことを示している．また，R^n において，$\boldsymbol{a}, \boldsymbol{b}$ を 2 辺とする三角形を考えた場合，1 辺の長さは，他の 2 辺の長さの和を超えないことは明らかであるが，定理 7.1.1 (3) は，一般のベクトル空間でも同様の不等式が成り立つことを示している．

ベクトルの直交　2 つのベクトル $\boldsymbol{a}, \boldsymbol{b}$ に対して，$(\boldsymbol{a}, \boldsymbol{b}) = 0$ が成り立つとき，$\boldsymbol{a}$ と $\boldsymbol{b}$ は**直交する**という．特に $\boldsymbol{0}$ は，すべてのベクトルと直交する．

例 2　R^n の標準的な内積では，$(\boldsymbol{a}, \boldsymbol{b}) = |\boldsymbol{a}||\boldsymbol{b}|\cos\theta$ より，$\boldsymbol{a} \neq \boldsymbol{0}, \boldsymbol{b} \neq \boldsymbol{0}$ のとき，次が成り立つ．

$$\boldsymbol{a} \text{ と } \boldsymbol{b} \text{ が直交する} \iff \theta = \frac{\pi}{2}$$
■

直交補空間　W を，計量ベクトル空間 V の部分空間とする．このとき，W のすべてのベクトルと直交する V のベクトル全体の集合を $W^{\perp}$ と書く．すなわち，

$$W^{\perp} = \{\, \boldsymbol{a} \in V \mid W \text{ の任意のベクトル } \boldsymbol{w} \text{ に対して } (\boldsymbol{a}, \boldsymbol{w}) = 0 \,\}$$

この $W^{\perp}$ を W の**直交補空間**という．

例題 4　$W^{\perp}$ が V の部分空間になることを示せ．

解答　W の任意のベクトル $\boldsymbol{w}$ に対して $(\boldsymbol{0}, \boldsymbol{w}) = 0$ より，$\boldsymbol{0} \in W^{\perp}$．$\boldsymbol{a}, \boldsymbol{b} \in W^{\perp}$ とすると，$(\boldsymbol{a}+\boldsymbol{b}, \boldsymbol{w}) = (\boldsymbol{a}, \boldsymbol{w}) + (\boldsymbol{b}, \boldsymbol{w}) = 0+0 = 0$ より，$\boldsymbol{a}+\boldsymbol{b} \in W^{\perp}$．$c$ を任意の定数とすると，$(c\boldsymbol{a}, \boldsymbol{w}) = c(\boldsymbol{a}, \boldsymbol{w}) = 0$ より，$c\boldsymbol{a} \in W^{\perp}$．したがって，定理 5.1.1 の (i), (ii), (iii) が成り立つので，$W^{\perp}$ は部分空間である．∎

例題 5　$\boldsymbol{w} = \begin{bmatrix} 1 \\ -3 \\ 2 \end{bmatrix}$ とする．このとき，$V = R^3$ において次のような部分空間 W の直交補空間 $W^{\perp}$ を求めよ．

$$W = \{\, c\boldsymbol{w} \in R^3 \mid c \text{ は任意定数} \}$$

解答　W は，原点を通り，$\boldsymbol{w}$ を方向ベクトルとする直線である．

いま，$\boldsymbol{x} = \begin{bmatrix} x \\ y \\ z \end{bmatrix}$ を $W^{\perp}$ の任意のベクトルとすると，$(\boldsymbol{w}, \boldsymbol{x}) = 0$ より，

$$x - 3y + 2z = 0$$

が成り立つ．このとき，$y = c_1$, $z = c_2$ とおくと，$x = 3c_1 - 2c_2$ であり，

$$\begin{bmatrix} x \\ y \\ z \end{bmatrix} = \begin{bmatrix} 3c_1 - 2c_2 \\ c_1 \\ c_2 \end{bmatrix} = c_1 \begin{bmatrix} 3 \\ 1 \\ 0 \end{bmatrix} + c_2 \begin{bmatrix} -2 \\ 0 \\ 1 \end{bmatrix}$$

よって，$W^{\perp}$ は次のように表される．

$$W^{\perp} = \left\{ c_1 \begin{bmatrix} 3 \\ 1 \\ 0 \end{bmatrix} + c_2 \begin{bmatrix} -2 \\ 0 \\ 1 \end{bmatrix} \in R^3 \;\middle|\; c_1, c_2 \text{ は任意定数} \right\}$$

幾何的には，$W^{\perp}$ は，方程式 $x - 3y + 2z = 0$ で表される平面である．∎

問題 7.1

1. 次の 2 つのベクトルの内積を求めよ．ただし，R^3 では標準的な内積，$R[x]^2$ では例題 2 における内積とする．

(1) $\boldsymbol{a} = \begin{bmatrix} 2 \\ -3 \\ 5 \end{bmatrix}$, $\boldsymbol{b} = \begin{bmatrix} 4 \\ 0 \\ -2 \end{bmatrix}$ (2) $\begin{cases} f(x) = x^2 - 3x + 1 \\ g(x) = x^2 + x - 2 \end{cases}$

2. 次のベクトルの大きさを求めよ．ただし，R^3 では標準的な内積，$R[x]^2$ では例題 2 における内積とする．

(1) $\boldsymbol{a} = \begin{bmatrix} 3 \\ 4 \\ -2 \end{bmatrix}$ (2) $f(x) = x^2 - 1$ (3) $g(x) = x^2 + x + 1$

3. 次の 2 つのベクトルが直交するような，a および b の値を求めよ．ただし，R^3 では標準的な内積，$R[x]^2$ では例題 2 における内積とする．

(1) $\boldsymbol{a} = \begin{bmatrix} a \\ 1 \\ -2 \end{bmatrix}$, $\boldsymbol{b} = \begin{bmatrix} a \\ -3 \\ a \end{bmatrix}$ (2) $\begin{cases} f(x) = x^2 - bx \\ g(x) = x^2 + x - b \end{cases}$

4. 次の (1), (2), (3) を示せ．

(1) $|\boldsymbol{a} + \boldsymbol{b}|^2 + |\boldsymbol{a} - \boldsymbol{b}|^2 = 2(|\boldsymbol{a}|^2 + |\boldsymbol{b}|^2)$

(2) $\boldsymbol{a}$ と $\boldsymbol{b}$ が直交する $\iff$ $|\boldsymbol{a} + \boldsymbol{b}|^2 = |\boldsymbol{a}|^2 + |\boldsymbol{b}|^2$

(3) $\boldsymbol{a} + \boldsymbol{b}$ と $\boldsymbol{a} - \boldsymbol{b}$ が直交する $\iff$ $|\boldsymbol{a}| = |\boldsymbol{b}|$

5. R^3 の標準的な内積において，次の部分空間 W の直交補空間 $W^{\perp}$ を求めよ．

(1) W は，方程式 $3x - 5y + 6z = 0$ で表される平面．

(2) W は，方程式 $\dfrac{x-4}{2} = \dfrac{-y-6}{3} = \dfrac{z-8}{4}$ で表される直線．

7.2　正規直交基底

ベクトル空間における基底の取り方は様々であるが，本節では，常に標準的といえる基底が存在することを示す．

正規直交基底　V を計量ベクトル空間とし，$\{\boldsymbol{a}_1, \boldsymbol{a}_2, \cdots, \boldsymbol{a}_n\}$ を 1 組の基底とする．この基底が次の条件 $(*)$ をみたすとき，**正規直交基底**という．

$$(*) \quad (\boldsymbol{a}_i, \boldsymbol{a}_j) = \begin{cases} 1 & (i = j) \\ 0 & (i \neq j) \end{cases}$$

すなわち，基底における各ベクトルの大きさが 1 であり，異なるベクトルとは直交するとき，正規直交基底という．したがって，R^n における標準基底 $\{\boldsymbol{e}_1, \boldsymbol{e}_2, \cdots, \boldsymbol{e}_n\}$ は，正規直交基底である．

定理 7.2.1 (シュミットの直交化法)
V を n 次元計量ベクトル空間とすると，V は正規直交基底をもつ．

証明　V は n 次元であり，n 個のベクトルからなる基底が存在する．それを $\{\boldsymbol{a}_1, \boldsymbol{a}_2, \cdots, \boldsymbol{a}_n\}$ とし，この基底から，正規直交基底を以下のように作る．

(1) $\boldsymbol{b}_1 = \dfrac{\boldsymbol{a}_1}{|\boldsymbol{a}_1|}$ とおく．このとき，$|\boldsymbol{b}_1| = \left|\dfrac{\boldsymbol{a}_1}{|\boldsymbol{a}_1|}\right| = \dfrac{|\boldsymbol{a}_1|}{|\boldsymbol{a}_1|} = 1$ である．

(2) $\boldsymbol{a}_2{}' = \boldsymbol{a}_2 - (\boldsymbol{a}_2, \boldsymbol{b}_1)\boldsymbol{b}_1$ とし，$\boldsymbol{b}_2 = \dfrac{\boldsymbol{a}_2{}'}{|\boldsymbol{a}_2{}'|}$ とおく．このとき，(1) と同様に，$|\boldsymbol{b}_2| = 1$ である．

さらに，

$$(\boldsymbol{b}_1, \boldsymbol{b}_2) = \left(\frac{\boldsymbol{a}_1}{|\boldsymbol{a}_1|}, \frac{\boldsymbol{a}_2{}'}{|\boldsymbol{a}_2{}'|}\right) = \frac{1}{|\boldsymbol{a}_1||\boldsymbol{a}_2{}'|}(\boldsymbol{a}_1, \boldsymbol{a}_2 - (\boldsymbol{a}_2, \boldsymbol{b}_1)\boldsymbol{b}_1)$$

ここで，右辺の内積は，

$$\begin{aligned}(\boldsymbol{a}_1, \boldsymbol{a}_2 - (\boldsymbol{a}_2, \boldsymbol{b}_1)\boldsymbol{b}_1) &= \left(\boldsymbol{a}_1, \boldsymbol{a}_2 - \left(\boldsymbol{a}_2, \frac{\boldsymbol{a}_1}{|\boldsymbol{a}_1|}\right)\frac{\boldsymbol{a}_1}{|\boldsymbol{a}_1|}\right) \\ &= \left(\boldsymbol{a}_1, \boldsymbol{a}_2 - \frac{1}{|\boldsymbol{a}_1|^2}(\boldsymbol{a}_2, \boldsymbol{a}_1)\boldsymbol{a}_1\right) \\ &= (\boldsymbol{a}_1, \boldsymbol{a}_2) - \frac{1}{|\boldsymbol{a}_1|^2}(\boldsymbol{a}_2, \boldsymbol{a}_1)(\boldsymbol{a}_1, \boldsymbol{a}_1) \\ &= (\boldsymbol{a}_1, \boldsymbol{a}_2) - (\boldsymbol{a}_2, \boldsymbol{a}_1) = 0\end{aligned}$$

したがって，$(\boldsymbol{b}_1, \boldsymbol{b}_2) = 0$ である．

(3)　$\boldsymbol{a}_3' = \boldsymbol{a}_3 - (\boldsymbol{a}_3, \boldsymbol{b}_1)\boldsymbol{b}_1 - (\boldsymbol{a}_3, \boldsymbol{b}_2)\boldsymbol{b}_2$ とし，$\boldsymbol{b}_3 = \dfrac{\boldsymbol{a}_3{}'}{|\boldsymbol{a}_3{}'|}$ とおく．

このとき，(2) と同様に，$|\boldsymbol{b}_3| = 1$ であり，$(\boldsymbol{b}_1, \boldsymbol{b}_3) = (\boldsymbol{b}_2, \boldsymbol{b}_3) = 0$ である．

(4)　一般に，$\boldsymbol{b}_1, \boldsymbol{b}_2, \cdots, \boldsymbol{b}_{k-1}$ が上記の手続きで得られたとき，

$$\boldsymbol{a}_k{}' = \boldsymbol{a}_k - (\boldsymbol{a}_k, \boldsymbol{b}_1)\boldsymbol{b}_1 - (\boldsymbol{a}_k, \boldsymbol{b}_2)\boldsymbol{b}_2 - \cdots - (\boldsymbol{a}_k, \boldsymbol{b}_{k-1})\boldsymbol{b}_{k-1}$$ として，

$$\boldsymbol{b}_k = \frac{\boldsymbol{a}_k{}'}{|\boldsymbol{a}_k{}'|}$$ とおく．

このとき，$|\boldsymbol{b}_k| = 1$ であり，$(\boldsymbol{b}_k, \boldsymbol{b}_i) = 0\ (i = 1, 2, \cdots, k-1)$ となる．したがって，この手続きを繰り返すことにより，n 個のベクトル $\{\boldsymbol{b}_1, \boldsymbol{b}_2, \cdots, \boldsymbol{b}_n\}$ で，条件 $(*)$ をみたすものが得られる．また，作り方より，各 $\boldsymbol{a}_k\ (k = 1, 2, \cdots, n)$ は $\{\boldsymbol{b}_1, \boldsymbol{b}_2, \cdots, \boldsymbol{b}_k\}$ の 1 次結合となるので，$\{\boldsymbol{a}_1, \boldsymbol{a}_2, \cdots, \boldsymbol{a}_n\}$ が V を生成することより，$\{\boldsymbol{b}_1, \boldsymbol{b}_2, \cdots, \boldsymbol{b}_n\}$ も V を生成する．このとき定理 5.3.4 より，$\{\boldsymbol{b}_1, \boldsymbol{b}_2, \cdots, \boldsymbol{b}_n\}$ は V の基底である．すなわち，正規直交基底であることが示された．∎

定理 7.2.1 における正規直交基底の作り方を，**シュミットの直交化法**という．

例題 1　$\boldsymbol{a}_1 = \begin{bmatrix} 2 \\ 1 \end{bmatrix}$，$\boldsymbol{a}_2 = \begin{bmatrix} -3 \\ 1 \end{bmatrix}$ とすると，$\{\boldsymbol{a}_1, \boldsymbol{a}_2\}$ は R^2 の基底である．このとき，シュミットの直交化法により，$\{\boldsymbol{a}_1, \boldsymbol{a}_2\}$ から正規直交基底 $\{\boldsymbol{b}_1, \boldsymbol{b}_2\}$ を作れ．

解答　まず，$\boldsymbol{b}_1 = \dfrac{\boldsymbol{a}_1}{|\boldsymbol{a}_1|} = \dfrac{1}{\sqrt{5}}\begin{bmatrix} 2 \\ 1 \end{bmatrix}$ である．

次に，$\boldsymbol{a}_2{}' = \boldsymbol{a}_2 - (\boldsymbol{a}_2, \boldsymbol{b}_1)\boldsymbol{b}_1$

$$= \begin{bmatrix} -3 \\ 1 \end{bmatrix} - \frac{1}{\sqrt{5}}(-6+1)\frac{1}{\sqrt{5}}\begin{bmatrix} 2 \\ 1 \end{bmatrix} = \begin{bmatrix} -1 \\ 2 \end{bmatrix}$$ より，

$$\boldsymbol{b}_2 = \frac{\boldsymbol{a}_2'}{|\boldsymbol{a}_2'|} = \frac{1}{\sqrt{5}}\begin{bmatrix} -1 \\ 2 \end{bmatrix}$$ である．

したがって，$\{\boldsymbol{b}_1, \boldsymbol{b}_2\} = \left\{ \dfrac{1}{\sqrt{5}}\begin{bmatrix} 2 \\ 1 \end{bmatrix}, \dfrac{1}{\sqrt{5}}\begin{bmatrix} -1 \\ 2 \end{bmatrix} \right\}$　(図 7.1 参照)　∎

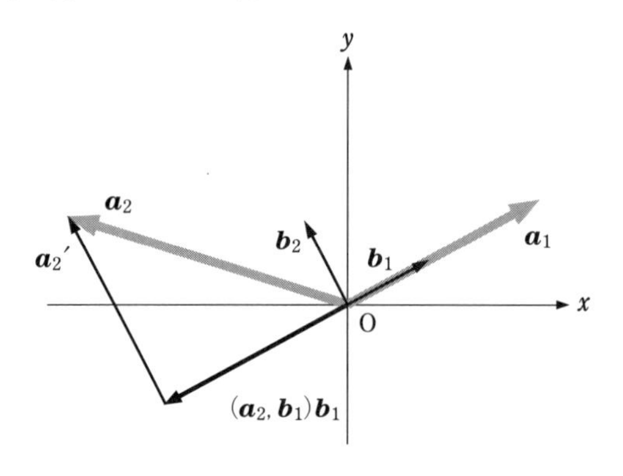

図 **7.1**　直交化

問 1　$\boldsymbol{a}_1 = \begin{bmatrix} 1 \\ 3 \end{bmatrix}, \boldsymbol{a}_2 = \begin{bmatrix} -10 \\ 0 \end{bmatrix}$ から正規直交基底 $\{\boldsymbol{b}_1, \boldsymbol{b}_2\}$ を作れ．

定理 7.2.2

V を n 次元計量ベクトル空間とし，$\{\boldsymbol{v}_1, \boldsymbol{v}_2, \cdots, \boldsymbol{v}_n\}$ を，1組の正規直交基底とする．V のベクトル $\boldsymbol{a}, \boldsymbol{b}$ を，

$$\boldsymbol{a} = a_1\boldsymbol{v}_1 + a_2\boldsymbol{v}_2 + \cdots + a_n\boldsymbol{v}_n$$

$$\boldsymbol{b} = b_1\boldsymbol{v}_1 + b_2\boldsymbol{v}_2 + \cdots + b_n\boldsymbol{v}_n$$

と表すと，$\boldsymbol{a}$ と $\boldsymbol{b}$ の内積は次のように求められる．

$$(\boldsymbol{a}, \boldsymbol{b}) = a_1b_1 + a_2b_2 + \cdots + a_nb_n$$

証明　$(\boldsymbol{a}, \boldsymbol{b}) = (a_1\boldsymbol{v}_1 + a_2\boldsymbol{v}_2 + \cdots + a_n\boldsymbol{v}_n,\ b_1\boldsymbol{v}_1 + b_2\boldsymbol{v}_2 + \cdots + b_n\boldsymbol{v}_n)$

ここで分配の法則より，

$$= \sum_{i,j=1}^{n} (a_i\boldsymbol{v}_i, b_j\boldsymbol{v}_j) = \sum_{i,j=1}^{n} a_ib_j(\boldsymbol{v}_i, \boldsymbol{v}_j)$$

ここで $i \neq j$ ならば $(\boldsymbol{v}_i, \boldsymbol{v}_j) = 0$ と $(\boldsymbol{v}_i, \boldsymbol{v}_i) = 1$ より，

$$= \sum_{i=1}^{n} a_ib_i(\boldsymbol{v}_i, \boldsymbol{v}_i) = \sum_{i=1}^{n} a_ib_i = a_1b_1 + a_2b_2 + \cdots + a_nb_n$$

∎

直交行列 正方行列 P が，${}^tPP = E$ をみたすとき，P を**直交行列**という．すなわち，${}^tP = P^{-1}$ のとき直交行列という (定理 2.4.1 参照)．

定理 7.2.3
P を n 次正方行列とし，$P = [\boldsymbol{a}_1, \boldsymbol{a}_2, \cdots, \boldsymbol{a}_n]$ を P の列ベクトル表示とする．このとき，次が成り立つ．

$$P \text{ が直交行列} \iff \{\boldsymbol{a}_1, \boldsymbol{a}_2, \cdots, \boldsymbol{a}_n\} \text{ が } R^n \text{ の正規直交基底.}$$

証明 一般に n 次正方行列 $P = [\boldsymbol{a}_1, \boldsymbol{a}_2, \cdots, \boldsymbol{a}_n]$ に対して，

$$ {}^tPP = \begin{bmatrix} {}^t\boldsymbol{a}_1 \\ {}^t\boldsymbol{a}_2 \\ \vdots \\ {}^t\boldsymbol{a}_n \end{bmatrix} [\boldsymbol{a}_1, \boldsymbol{a}_2, \cdots, \boldsymbol{a}_n] = [{}^t\boldsymbol{a}_i\boldsymbol{a}_j] $$

であり，

$$ {}^t\boldsymbol{a}_i\boldsymbol{a}_j = [a_{1i}, a_{2i}, \cdots, a_{ni}] \begin{bmatrix} a_{1j} \\ a_{2j} \\ \vdots \\ a_{nj} \end{bmatrix} = a_{1i}a_{1j} + a_{2i}a_{2j} + \cdots + a_{ni}a_{nj} $$

より，

$$ {}^tPP \text{ の } (i,j) \text{ 成分} = (\boldsymbol{a}_i, \boldsymbol{a}_j) $$

である．

さて，P が直交行列とすると，${}^tPP = E$ より，

$$ {}^tPP \text{ の } (i,j) \text{ 成分} = \begin{cases} 1 & (i = j) \\ 0 & (i \neq j) \end{cases} $$

したがって，$(\boldsymbol{a}_i, \boldsymbol{a}_j)$ に対して正規直交基底の条件 $(*)$ が成り立ち，$\{\boldsymbol{a}_1, \boldsymbol{a}_2, \cdots, \boldsymbol{a}_n\}$ は R^n の正規直交基底である．

逆に，$\{\boldsymbol{a}_1, \boldsymbol{a}_2, \cdots, \boldsymbol{a}_n\}$ が正規直交基底とすると，条件 $(*)$ が成り立ち，上記の計算より，${}^tPP = E$ を得る． ■

例題 2 $\boldsymbol{a}_1 = \begin{bmatrix} 1 \\ 0 \\ 1 \end{bmatrix}$，$\boldsymbol{a}_2 = \begin{bmatrix} 0 \\ 1 \\ -2 \end{bmatrix}$，$\boldsymbol{a}_3 = \begin{bmatrix} 2 \\ -1 \\ 0 \end{bmatrix}$ とすると，$\{\boldsymbol{a}_1, \boldsymbol{a}_2, \boldsymbol{a}_3\}$

は R^3 の基底である．このとき，シュミットの直交化法により，$\{\boldsymbol{a}_1, \boldsymbol{a}_2, \boldsymbol{a}_3\}$ から正規直交基底 $\{\boldsymbol{b}_1, \boldsymbol{b}_2, \boldsymbol{b}_3\}$ を作れ．

解答　まず，$\boldsymbol{b}_1 = \dfrac{\boldsymbol{a}_1}{|\boldsymbol{a}_1|} = \dfrac{1}{\sqrt{2}}\begin{bmatrix} 1 \\ 0 \\ 1 \end{bmatrix}$ である．次に，

$$\boldsymbol{a}_2{}' = \boldsymbol{a}_2 - (\boldsymbol{a}_2, \boldsymbol{b}_1)\boldsymbol{b}_1 = \begin{bmatrix} 0 \\ 1 \\ -2 \end{bmatrix} - \frac{1}{\sqrt{2}}(-2)\frac{1}{\sqrt{2}}\begin{bmatrix} 1 \\ 0 \\ 1 \end{bmatrix} = \begin{bmatrix} 1 \\ 1 \\ -1 \end{bmatrix}$$

より，

$$\boldsymbol{b}_2 = \frac{\boldsymbol{a}_2{}'}{|\boldsymbol{a}_2{}'|} = \frac{1}{\sqrt{3}}\begin{bmatrix} 1 \\ 1 \\ -1 \end{bmatrix}$$

である．次に，$\boldsymbol{a}_3{}' = \boldsymbol{a}_3 - (\boldsymbol{a}_3, \boldsymbol{b}_1)\boldsymbol{b}_1 - (\boldsymbol{a}_3, \boldsymbol{b}_2)\boldsymbol{b}_2$

$$= \begin{bmatrix} 2 \\ -1 \\ 0 \end{bmatrix} - \frac{1}{\sqrt{2}}(2)\frac{1}{\sqrt{2}}\begin{bmatrix} 1 \\ 0 \\ 1 \end{bmatrix} - \frac{1}{\sqrt{3}}(1)\frac{1}{\sqrt{3}}\begin{bmatrix} 1 \\ 1 \\ -1 \end{bmatrix}$$

$$= \begin{bmatrix} 2 \\ -1 \\ 0 \end{bmatrix} - \begin{bmatrix} 1 \\ 0 \\ 1 \end{bmatrix} - \frac{1}{3}\begin{bmatrix} 1 \\ 1 \\ -1 \end{bmatrix} = \frac{2}{3}\begin{bmatrix} 1 \\ -2 \\ -1 \end{bmatrix}$$

より，

$$\boldsymbol{b}_3 = \frac{\boldsymbol{a}_3{}'}{|\boldsymbol{a}_3{}'|} = \frac{1}{\sqrt{6}}\begin{bmatrix} 1 \\ -2 \\ -1 \end{bmatrix}$$

である．したがって，$\{\boldsymbol{b}_1, \boldsymbol{b}_2, \boldsymbol{b}_3\} = \left\{ \dfrac{1}{\sqrt{2}}\begin{bmatrix} 1 \\ 0 \\ 1 \end{bmatrix}, \dfrac{1}{\sqrt{3}}\begin{bmatrix} 1 \\ 1 \\ -1 \end{bmatrix}, \dfrac{1}{\sqrt{6}}\begin{bmatrix} 1 \\ -2 \\ -1 \end{bmatrix} \right\}$ ∎

問2　例題2の解答において，行列 $P = [\boldsymbol{b}_1, \boldsymbol{b}_2, \boldsymbol{b}_3]$ が直交行列であることを確認せよ．

問題 7.2

1. 次のベクトル $\{\boldsymbol{a}_1, \boldsymbol{a}_2\}$ または，$\{\boldsymbol{a}_1, \boldsymbol{a}_2, \boldsymbol{a}_3\}$ から，R^2 または R^3 の正規直交基底を作れ．特に (1), (2) については，図 7.1 と同様の図を描け．

(1) $\boldsymbol{a}_1 = \begin{bmatrix} 2 \\ 0 \end{bmatrix}$, $\boldsymbol{a}_2 = \begin{bmatrix} -4 \\ 3 \end{bmatrix}$

(2) $\boldsymbol{a}_1 = \begin{bmatrix} 1 \\ 1 \end{bmatrix}$, $\boldsymbol{a}_2 = \begin{bmatrix} -2 \\ -1 \end{bmatrix}$

(3) $\boldsymbol{a}_1 = \begin{bmatrix} 1 \\ 1 \\ 0 \end{bmatrix}$, $\boldsymbol{a}_2 = \begin{bmatrix} 1 \\ 3 \\ 1 \end{bmatrix}$, $\boldsymbol{a}_3 = \begin{bmatrix} 2 \\ -1 \\ 1 \end{bmatrix}$

2. 次の行列 P が直交行列であることを，確認せよ．特に (2) の P は，R^3 内の 2 つの回転行列の積となっていることを示せ．

(1) $P = \begin{bmatrix} \cos\theta & -\sin\theta \\ \sin\theta & \cos\theta \end{bmatrix}$

(2) $P = \begin{bmatrix} \cos\phi & -\sin\phi & 0 \\ \cos\theta\sin\phi & \cos\theta\cos\phi & -\sin\theta \\ \sin\theta\sin\phi & \sin\theta\cos\phi & \cos\theta \end{bmatrix}$

3. 次の行列が直交行列となるように，a, b, c の値を定めよ．

(1) $\begin{bmatrix} a & b & c \\ -a & b & c \\ 0 & b & -2c \end{bmatrix}$ (2) $\begin{bmatrix} a & 0 & -a \\ b & 2b & b \\ c & -c & c \end{bmatrix}$

4. P, Q が直交行列ならば，積 PQ も直交行列であることを示せ．

5. A が 2 次直交行列で $\det(A) > 0$ ならば，A は回転の行列であることを示せ．

7.3　対称行列の対角化

6.3節において，正方行列の対角化について学び，対角化可能な行列と不可能な行列があることを学んだ．本節では，実数を成分とする対称行列は常にある直交行列で対角化可能であることを学ぶ．

実対称行列　正方行列 A が ${}^tA = A$ をみたすとき，A を対称行列と呼ぶことはすでに学んだ．そこで特に，成分がすべて実数である対称行列を，**実対称行列**と呼ぶ．

複素数と共役複素数　a, b を実数とし，i を虚数単位 $(i^2 = -1)$ とするとき，$\alpha = a + bi$ を**複素数**という．また，$\overline{\alpha} = a - bi$ を，α の**共役複素数**という．$|\alpha| = \sqrt{a^2 + b^2}$ を α の**大きさ**という．

複素数の性質

複素数 $\alpha = a + bi$ に関して次が成り立つ．

(1)　$|\alpha|^2 = \alpha\overline{\alpha}$

(2)　α が実数 $\Longleftrightarrow \alpha = \overline{\alpha}$

証明　(1) $|\alpha|^2 = a^2 + b^2 = (a + bi)(a - bi) = \alpha\overline{\alpha}$

(2) α が実数 $\Longleftrightarrow\ b = 0\ \Longleftrightarrow\ a + bi = a - bi\ \Longleftrightarrow\ \alpha = \overline{\alpha}$ ∎

定理 7.3.1

A を実対称行列とすると，A の固有値はすべて実数である．

証明　λ を A の固有値とする．複素数の性質より $\overline{\lambda} = \lambda$ を示せばよい．

λ に属する A の固有ベクトルを $\boldsymbol{x}(\neq \boldsymbol{0})$ とすると，

$$A\boldsymbol{x} = \lambda\boldsymbol{x} \ \cdots\ ①$$

である．A の成分はすべて実数であり，$\overline{A} = A$ であることに注意すると，

$$A\overline{\boldsymbol{x}} = \overline{A}\overline{\boldsymbol{x}} = \overline{A\boldsymbol{x}} = \overline{\lambda\boldsymbol{x}} = \overline{\lambda}\overline{\boldsymbol{x}}$$

より，

$$A\overline{\boldsymbol{x}} = \overline{\lambda}\overline{\boldsymbol{x}} \ \cdots\ ②$$

を得る．そこで，①, ② および ${}^tA = A$ を用いると，

$$\overline{\lambda}\,{}^t\overline{\boldsymbol{x}}\boldsymbol{x} = {}^t(\overline{\lambda}\overline{\boldsymbol{x}})\boldsymbol{x} = {}^t(A\overline{\boldsymbol{x}})\boldsymbol{x} = {}^t\overline{\boldsymbol{x}}\,{}^tA\boldsymbol{x} = {}^t\overline{\boldsymbol{x}}A\boldsymbol{x} = {}^t\overline{\boldsymbol{x}}\lambda\boldsymbol{x} = \lambda\,{}^t\overline{\boldsymbol{x}}\boldsymbol{x}$$

より，

$$\overline{\lambda}\,{}^t\overline{\boldsymbol{x}}\boldsymbol{x} = \lambda\,{}^t\overline{\boldsymbol{x}}\boldsymbol{x} \ \cdots \ ③$$

を得る．ここで，$\boldsymbol{x} = \begin{bmatrix} x_1 \\ x_2 \\ \vdots \\ x_n \end{bmatrix}$ とすると，

$${}^t\overline{\boldsymbol{x}}\boldsymbol{x} = [\overline{x}_1, \overline{x}_2, \cdots, \overline{x}_n] \begin{bmatrix} x_1 \\ x_2 \\ \vdots \\ x_n \end{bmatrix} = \overline{x}_1 x_1 + \overline{x}_2 x_2 + \cdots + \overline{x}_n x_n$$

$$= |x_1|^2 + |x_2|^2 + \cdots + |x_n|^2 = |\boldsymbol{x}|^2 \text{ より，} {}^t\overline{\boldsymbol{x}}\boldsymbol{x} = |\boldsymbol{x}|^2$$

を得る．これを ③ に代入すると，$\overline{\lambda}|\boldsymbol{x}|^2 = \lambda|\boldsymbol{x}|^2$ であり，$\boldsymbol{x} \neq \boldsymbol{0}$ より，$\lambda = \overline{\lambda}$．すなわち λ は実数である． ∎

次の定理は，行列 A の次数 n に関する数学的帰納法で証明されるのが一般的であるが，証明は省略する．

定理 7.3.2
A を実数を成分とする n 次正方行列とする．A の固有値がすべて実数ならば，ある直交行列 P によって，A を上三角行列にできる．
すなわち，次が成り立つ．

$${}^tPAP = \begin{bmatrix} \lambda_1 & & & * \\ & \lambda_2 & & \\ & & \ddots & \\ 0 & & & \lambda_n \end{bmatrix}$$

次が，本節の主定理である．

定理 7.3.3
A を実対称行列とすると，A は直交行列で対角化可能である．すなわ

ち，ある直交行列 P によって，次が成り立つ．

$$
{}^tPAP = \begin{bmatrix} \lambda_1 & & & \text{\huge 0} \\ & \lambda_2 & & \\ & & \ddots & \\ \text{\huge 0} & & & \lambda_n \end{bmatrix}
$$

証明　定理 7.3.1 より，A の固有値はすべて実数である．したがって，定理 7.3.2 より，ある直交行列 P で，上三角行列にできる．

$$
{}^tPAP = \begin{bmatrix} \lambda_1 & & & * \\ & \lambda_2 & & \\ & & \ddots & \\ \text{\huge 0} & & & \lambda_n \end{bmatrix} \cdots ①
$$

ここで，① の両辺を転置すると，

$$
{}^t({}^tPAP) = \begin{bmatrix} \lambda_1 & & & \text{\huge 0} \\ & \lambda_2 & & \\ & & \ddots & \\ * & & & \lambda_n \end{bmatrix} \cdots ①'
$$

となる．さらに，A が対称行列であることから，${}^t({}^tPAP) = {}^tP\,{}^tA\,{}^t({}^tP) = {}^tPAP$ より，

$$
{}^tPAP = \begin{bmatrix} \lambda_1 & & & \text{\huge 0} \\ & \lambda_2 & & \\ & & \ddots & \\ * & & & \lambda_n \end{bmatrix} \cdots ②
$$

を得る．① と ② の左辺は等しいので，右辺も一致し，$* = 0$ である．すなわち，A は P により対角化された．■

定理 7.3.4

実対称行列の相異なる固有値に属する固有ベクトルは，直交する．

証明 A を実対称行列とし，α, β を A の相異なる固有値，$\boldsymbol{x}, \boldsymbol{y}$ をそれぞれ，α, β に属する A の固有ベクトルとする．すなわち，

$$\begin{cases} A\boldsymbol{x} = \alpha\boldsymbol{x} \\ A\boldsymbol{y} = \beta\boldsymbol{y} \end{cases}$$

とする．ここで，2 つのベクトル $\boldsymbol{a}, \boldsymbol{b}$ に対して，$(\boldsymbol{a}, \boldsymbol{b}) = {}^t\boldsymbol{a}\boldsymbol{b}$ であることに注意すると，

$$\begin{aligned} \alpha(\boldsymbol{x}, \boldsymbol{y}) &= (\alpha\boldsymbol{x}, \boldsymbol{y}) = (A\boldsymbol{x}, \boldsymbol{y}) = {}^t(A\boldsymbol{x})\boldsymbol{y} = {}^t\boldsymbol{x}\,{}^tA\boldsymbol{y} \\ &= {}^t\boldsymbol{x}A\boldsymbol{y} = {}^t\boldsymbol{x}\beta\boldsymbol{y} = \beta\,{}^t\boldsymbol{x}\boldsymbol{y} = \beta(\boldsymbol{x}, \boldsymbol{y}) \end{aligned}$$

より，

$$\alpha(\boldsymbol{x}, \boldsymbol{y}) = \beta(\boldsymbol{x}, \boldsymbol{y})$$

を得る．$\beta(\boldsymbol{x}, \boldsymbol{y})$ を左辺に移項すると，$\alpha(\boldsymbol{x}, \boldsymbol{y}) - \beta(\boldsymbol{x}, \boldsymbol{y}) = 0$ より，

$$(\alpha - \beta)(\boldsymbol{x}, \boldsymbol{y}) = 0$$

である．ここで，$\alpha \neq \beta$ より，$(\boldsymbol{x}, \boldsymbol{y}) = 0$ となる．すなわち，$\boldsymbol{x}$ と $\boldsymbol{y}$ は直交する． ▮

例題 1 $A = \begin{bmatrix} 2 & -2 \\ -2 & 5 \end{bmatrix}$ を，直交行列によって対角化せよ．

解答 まず，6.2 節例題 1 および例題 2 と同様に，A の固有値と固有ベクトルを求めると (やってみよう)，A の固有値 λ は，1 または 6 であり，

$$\lambda = 1 \text{ に属する固有ベクトルは } c\begin{bmatrix} 2 \\ 1 \end{bmatrix} \ (c \neq 0),$$

$$\lambda = 6 \text{ に属する固有ベクトルは } c\begin{bmatrix} -1 \\ 2 \end{bmatrix} \ (c \neq 0)$$

である．各場合において $c = 1$ とすると，

$$\lambda = 1 \text{ に属する固有ベクトルとして } \begin{bmatrix} 2 \\ 1 \end{bmatrix},$$

$$\lambda = 6 \text{ に属する固有ベクトルとして } \begin{bmatrix} -1 \\ 2 \end{bmatrix}$$

を得る．そこで，それぞれの大きさを 1 にすると，

$$\boldsymbol{e}_1 = \frac{1}{\sqrt{5}}\begin{bmatrix} 2 \\ 1 \end{bmatrix} \text{ および } \boldsymbol{e}_2 = \frac{1}{\sqrt{5}}\begin{bmatrix} -1 \\ 2 \end{bmatrix}$$

を得る．さらに，$\boldsymbol{e}_1, \boldsymbol{e}_2$ を並べることにより，

$$P = [\boldsymbol{e}_1, \boldsymbol{e}_2] = \frac{1}{\sqrt{5}}\begin{bmatrix} 2 & -1 \\ 1 & 2 \end{bmatrix}$$

とおく．このとき，

$${}^tPP = \frac{1}{\sqrt{5}}\begin{bmatrix} 2 & 1 \\ -1 & 2 \end{bmatrix}\frac{1}{\sqrt{5}}\begin{bmatrix} 2 & -1 \\ 1 & 2 \end{bmatrix} = \begin{bmatrix} 1 & 0 \\ 0 & 1 \end{bmatrix} = E$$

より，P は直交行列である．また，

$${}^tPAP = \frac{1}{\sqrt{5}}\begin{bmatrix} 2 & 1 \\ -1 & 2 \end{bmatrix}\begin{bmatrix} 2 & -2 \\ -2 & 5 \end{bmatrix}\frac{1}{\sqrt{5}}\begin{bmatrix} 2 & -1 \\ 1 & 2 \end{bmatrix} = \begin{bmatrix} 1 & 0 \\ 0 & 6 \end{bmatrix}$$

である．
以上で，A は直交行列 P により，対角化された．　■

対角化についての注意　与えられた実対称行列の固有値がすべて異なる場合は，定理 7.3.4 より，それらに属する固有ベクトルは直交するので，固有ベクトルの大きさを 1 にしたものを並べることにより，求める直交行列が得られる．固有値が固有方程式の重解となっている場合は，その固有値に属する 1 次独立な固有ベクトルを，シュミットの直交化法で直交化する必要がある．問題 7.3.2 の (2) が重解となる場合であるので，注意されたい．

問 1　$A = \begin{bmatrix} 1 & 3 \\ 3 & 1 \end{bmatrix}$ を直交行列で対角化せよ．

問題 7.3

1.　次の実対称行列を，直交行列で対角化せよ．

(1) $A = \begin{bmatrix} -1 & 2 \\ 2 & -1 \end{bmatrix}$　　(2) $A = \begin{bmatrix} 2 & 6 \\ 6 & -3 \end{bmatrix}$

(3) $A = \begin{bmatrix} -1 & 3 \\ 3 & 7 \end{bmatrix}$　　(4) $A = \begin{bmatrix} 4 & \sqrt{3} \\ \sqrt{3} & 2 \end{bmatrix}$

2. 次の実対称行列を，直交行列で対角化せよ．

(1) $A = \begin{bmatrix} 1 & -1 & 0 \\ -1 & 2 & 1 \\ 0 & 1 & 1 \end{bmatrix}$　　(2) $A = \begin{bmatrix} 0 & 0 & 1 \\ 0 & 1 & 0 \\ 1 & 0 & 0 \end{bmatrix}$

3. 実数を成分とする正方行列 A が，直交行列によって対角化されるための必要十分条件は，A が対称行列であることを示せ．

4. A, B を n 次対称行列とする．積 AB が対称行列であるための必要十分条件は，A と B が可換であることを示せ．

5. A を n 次実正方行列とする．このとき ${}^tAA$ は対称行列であることを示せ．また，${}^tAA$ の固有値は負でないことを示せ．

第8章　2次曲線

8.1　2次曲線 (1)

中学校や高等学校で，$y = x^2$ は放物線を表し，$x^2 + y^2 = 1$ は円を表すことを学んだ．一般に，x, y の2次方程式で表される曲線を，**2次曲線**という．本節と次節で，一般的な2次曲線について学ぶが，まず，代表的な2次曲線を紹介しよう．

楕円　$a > 0,\ b > 0$ とするとき，次の方程式で表される曲線を**楕円**という．

$$\frac{x^2}{a^2} + \frac{y^2}{b^2} = 1$$

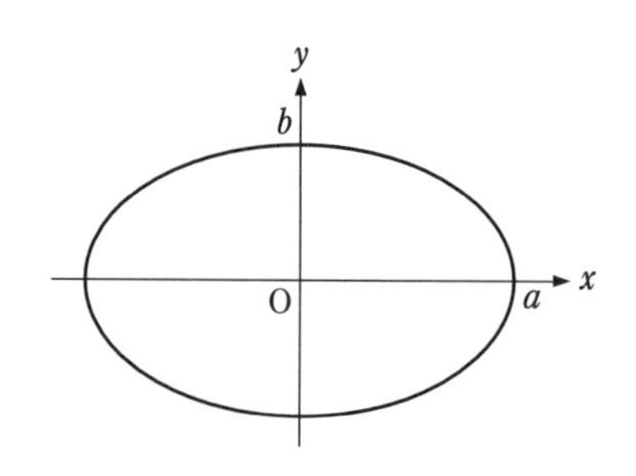

図 **8.1**　楕円

双曲線　$a > 0,\ b > 0$ とするとき，次の方程式で表される曲線を**双曲線**という．

$$\frac{x^2}{a^2} - \frac{y^2}{b^2} = 1$$

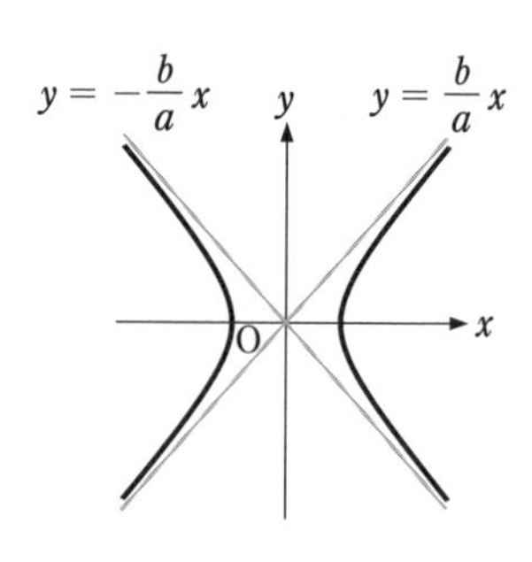

図 **8.2**　双曲線

放物線　$a \neq 0$ とするとき，次の方程式で表される曲線を**放物線**という．

$$ax^2 - y = 0$$

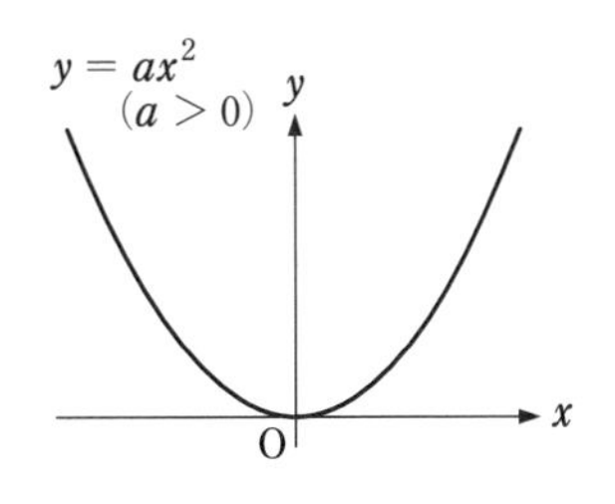

図 8.3　放物線

楕円と放物線については，なじみやすいと思うが，双曲線については**漸近線**が必要となるので，少し説明をしよう．

まず，$\dfrac{x^2}{a^2} - \dfrac{y^2}{b^2} = 1$ を因数分解すると，

$$\left(\frac{x}{a} - \frac{y}{b}\right)\left(\frac{x}{a} + \frac{y}{b}\right) = 1$$

となる．ここで，$X = \dfrac{x}{a} - \dfrac{y}{b}$, $Y = \dfrac{x}{a} + \dfrac{y}{b}$ という座標変換を行うと，

$$XY = 1$$

となる．これは，XY 座標における反比例のグラフであり，その漸近線は，それぞれ X 軸, Y 軸である．ここで，X 軸, Y 軸は，それぞれ $Y = 0$, $X = 0$ という直線であり，

$$\frac{x}{a} + \frac{y}{b} = 0 \text{ より } y = -\frac{b}{a}x$$

$$\frac{x}{a} - \frac{y}{b} = 0 \text{ より } y = \frac{b}{a}x$$

となる．すなわち，$\dfrac{x^2}{a^2} - \dfrac{y^2}{b^2} = 1$ が表す曲線は，xy 座標において，$y = -\dfrac{b}{a}x$ および $y = \dfrac{b}{a}x$ を漸近線とする双曲線である (図 8.2)．■

では，より一般的な 2 次曲線について考察していこう．

例題 1　$2x^2 - 4xy + 5y^2 - 6 = 0 \ \cdots$ ①　はどのような曲線か？

解答　① の左辺 $2x^2-4xy+5y^2$ に注目すると，行列を用いて，

$$\begin{bmatrix} x & y \end{bmatrix}\begin{bmatrix} 2 & -2 \\ -2 & 5 \end{bmatrix}\begin{bmatrix} x \\ y \end{bmatrix}$$

と表される．したがって，① は，

$$\begin{bmatrix} x & y \end{bmatrix}\begin{bmatrix} 2 & -2 \\ -2 & 5 \end{bmatrix}\begin{bmatrix} x \\ y \end{bmatrix}=6$$

となり，

$$A=\begin{bmatrix} 2 & -2 \\ -2 & 5 \end{bmatrix}$$

とおくと，

$$\begin{bmatrix} x & y \end{bmatrix}A\begin{bmatrix} x \\ y \end{bmatrix}=6 \cdots ②$$

となる．この A は，実対称行列であり，定理 7.3.3 より，ある直交行列 P で対角化可能である．しかもこの A は，7.3 節例題 1 における A と同じ行列である．そこでその解答を引用すると，A の固有値は $\lambda=1,\ 6$ であり，

$$\boldsymbol{e}_1=\frac{1}{\sqrt{5}}\begin{bmatrix} 2 \\ 1 \end{bmatrix},\ \boldsymbol{e}_2=\frac{1}{\sqrt{5}}\begin{bmatrix} -1 \\ 2 \end{bmatrix}$$

として，A を対角化する直交行列は，

$$P=[\boldsymbol{e}_1,\boldsymbol{e}_2]=\frac{1}{\sqrt{5}}\begin{bmatrix} 2 & -1 \\ 1 & 2 \end{bmatrix}$$

となる．実際，計算すると，${}^tPP=E$ であり，

$${}^tPAP=\begin{bmatrix} 1 & 0 \\ 0 & 6 \end{bmatrix} \cdots ③$$

である．次に，$\begin{bmatrix} x \\ y \end{bmatrix}=P\begin{bmatrix} X \\ Y \end{bmatrix}$ と座標変換を行う．

つまり，xy 座標を，P を用いて XY 座標に変換するわけである．このとき，両辺を転置すると，$[x,y]=[X,Y]\,{}^tP$ より，これらを ② に代入すると，

$$\begin{bmatrix} X & Y \end{bmatrix}{}^tPAP\begin{bmatrix} X \\ Y \end{bmatrix}=6 \cdots ④$$

を得る．ここで ③ より，④ は $\begin{bmatrix} X & Y \end{bmatrix}\begin{bmatrix} 1 & 0 \\ 0 & 6 \end{bmatrix}\begin{bmatrix} X \\ Y \end{bmatrix}=6$ となる．

これを計算すると，$X^2+6Y^2=6$ となり，

$$\frac{X^2}{6}+Y^2=1 \cdots ⑤$$

を得る．すなわち，与えられた曲線は，XY 座標において，図 8.4 のような楕円である．

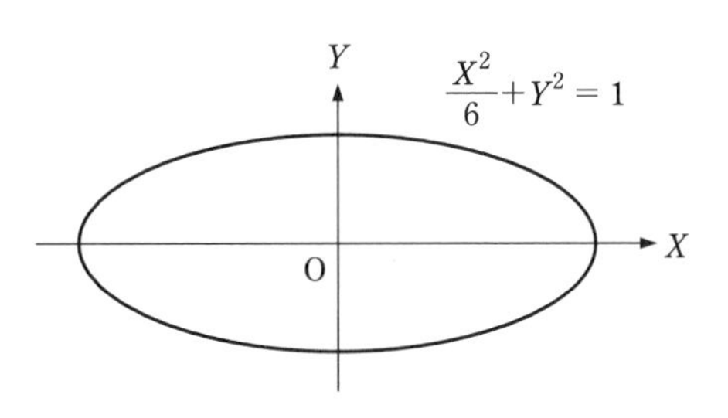

図 8.4　楕円

さて，XY 座標における楕円 ⑤ を，xy 座標で見る必要があるが，XY 座標の基底は $\boldsymbol{e}_1=\frac{1}{\sqrt{5}}\begin{bmatrix}2\\1\end{bmatrix}$, $\boldsymbol{e}_2=\frac{1}{\sqrt{5}}\begin{bmatrix}-1\\2\end{bmatrix}$ であることに注意しよう．このとき，xy 座標に $\{\boldsymbol{e}_1,\boldsymbol{e}_2\}$ を基底とする XY 座標を書き込むことにより，求める曲線は，図 8.5 のような楕円であることがわかる．

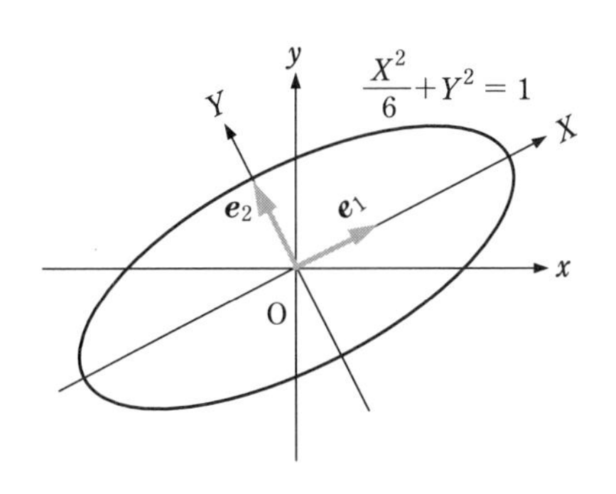

図 8.5　楕円

例題 1 で紹介した方法を，以下にまとめておこう．

2 次曲線　$ax^2+bxy+cy^2-d=0 \cdots ①$　の求め方．

(1) $ax^2+bxy+cy^2$ の部分に注目し，$A=\begin{bmatrix} a & \frac{b}{2} \\ \frac{b}{2} & c \end{bmatrix}$ とおく．このとき

① は,

$$\begin{bmatrix} x & y \end{bmatrix} A \begin{bmatrix} x \\ y \end{bmatrix} = d \ \cdots \ ②$$

となる.

(2) A を対角化する直交行列 $P = [\boldsymbol{e}_1, \boldsymbol{e}_2]$ を1つ求める. このとき,

$${}^tPAP = \begin{bmatrix} \lambda_1 & 0 \\ 0 & \lambda_2 \end{bmatrix} \cdots \ ③$$

である. ここで, λ_1, λ_2 は A の固有値であり, $\boldsymbol{e}_1, \boldsymbol{e}_2$ はそれぞれに属する大きさ1の A の固有ベクトルである.

(3) $\begin{bmatrix} x \\ y \end{bmatrix} = P \begin{bmatrix} X \\ Y \end{bmatrix}$ と座標変換を行う. 両辺を転置すると $[x, y] = [X, Y]\ {}^tP$ である. これらを ② に代入すると,

$$\begin{bmatrix} X & Y \end{bmatrix} \begin{bmatrix} \lambda_1 & 0 \\ 0 & \lambda_2 \end{bmatrix} \begin{bmatrix} X \\ Y \end{bmatrix} = d$$

より,

$$\lambda_1 X^2 + \lambda_2 Y^2 = d \ \cdots \ ④$$

を得る.

(4) 最後に, XY 座標における曲線 ④ を, xy 座標に書き込んで, 求める曲線を得る. このとき, XY 座標の基底は, xy 座標における $\{\boldsymbol{e}_1, \boldsymbol{e}_2\}$ であることに注意する. ▮

注意　例題1では, $\lambda_1 > 0$, $\lambda_2 > 0$, $d > 0$ より, 求める曲線は楕円となった. より一般的な場合は, 次節で考察する.

問1　例題1とその後のまとめにおいて, XY 座標の基底 (座標軸) は, xy 座標における $\{\boldsymbol{e}_1, \boldsymbol{e}_2\}$ であると述べたが, その理由を考えよ.

問2　方程式 $4x^2 - 6xy + 4y^2 - 7 = 0$ で表される曲線を求めよ.

問題 8.1

1. 次の 2 次方程式で表される曲線を求めよ．いずれも，楕円である．

(1) $3x^2 + 4xy + 6y^2 - 14 = 0$

(2) $5x^2 + 2xy + 5y^2 - 12 = 0$

(3) $3x^2 - 4xy + 3y^2 - 5 = 0$

(4) $3x^2 + 2xy + 3y^2 - 8 = 0$

2. 次の 2 次方程式で表される曲線を求めよ．いずれも，前問の曲線を平行移動した曲線である．

(1) $3x^2 + 4xy + 6y^2 + 8x - 4y - 4 = 0$

(2) $5x^2 + 2xy + 5y^2 - 14x - 22y + 17 = 0$

(3) $3x^2 - 4xy + 3y^2 - 12x + 18y + 22 = 0$

(4) $3x^2 + 2xy + 3y^2 - 6\sqrt{3}x - 2\sqrt{3}y + 1 = 0$

8.2　2 次曲線 (2)

前節において，x, y の 2 次方程式で表される曲線を 2 次曲線と呼んだが，より正確には，次の方程式

$$ax^2 + bxy + cy^2 + px + qy + r = 0 \ \cdots \ (*)$$

(ただし，a, b, c のうち少なくとも 1 つは 0 ではない)

をみたす点全体が作る図形を，**2 次曲線**と呼ぶ．ただし，1 点や直線となる場合は，2 次曲線とはいわないこととする．前節例題 1 で紹介したように，複雑そうに見える 2 次曲線も，適当な座標変換を施すことにより，より見やすい形にすることができる．一般に平面上の 2 次曲線に対して，次が成り立つことが知られている．証明は省略する．

定理 8.2.1 (2 次曲線の標準形)
方程式 $(*)$ は，適当な座標変換 (回転と平行移動) を行うことにより，次のいずれかの形の式に変換される．
(1)　$ax^2 + by^2 - c = 0$　(ただし，$ab \neq 0$)
(2)　$ax^2 + by = 0$　(ただし，$ab \neq 0$)
(3)　$ax^2 - c = 0$　(ただし，$a \neq 0$)

解説　(1) の場合．$c \neq 0$ ならば，c で両辺を割って，楕円または双曲線を表すことがわかる．$c = 0$ ならば，$ab > 0$ のとき 1 点 $(0, 0)$ であり，$ab < 0$ のとき $ax^2 + by^2 = 0$ を因数分解することにより，2 本の直線となる．

(2) の場合．放物線を表す．

(3) の場合．$c = 0$ ならば，1 本の直線，$c \neq 0$ ならば 2 本の直線となる．したがって，2 次曲線は，楕円，双曲線または放物線の 3 種類であるといえる．■

さて，前節では楕円について学んだが，本節では，双曲線と放物線について学ぶ．

例題 1　次の 2 次方程式で表される曲線はどのような曲線か？

(1) $x^2 - y^2 = 1$　　(2) $\dfrac{x^2}{25} - \dfrac{y^2}{9} = 1$

解答　(1) $(x-y)(x+y) = 1$ より，$y = x$，$y = -x$ を漸近線とする双曲線である．
(2) $\left(\dfrac{x}{5} - \dfrac{y}{3}\right)\left(\dfrac{x}{5} + \dfrac{y}{3}\right) = 1$ より，$y = \dfrac{3}{5}x$，$y = -\dfrac{3}{5}x$ を漸近線とする双曲線である．∎

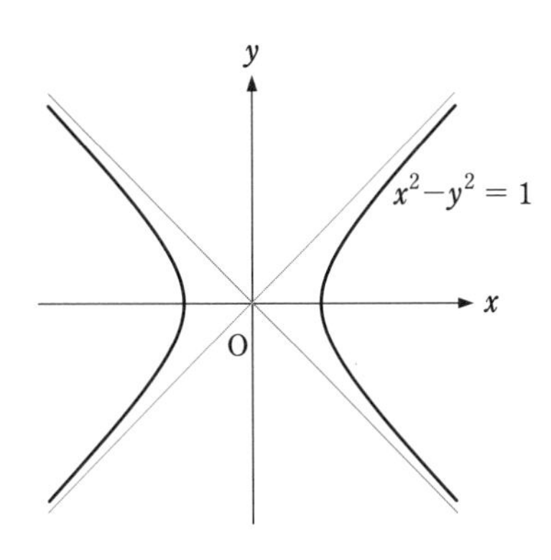

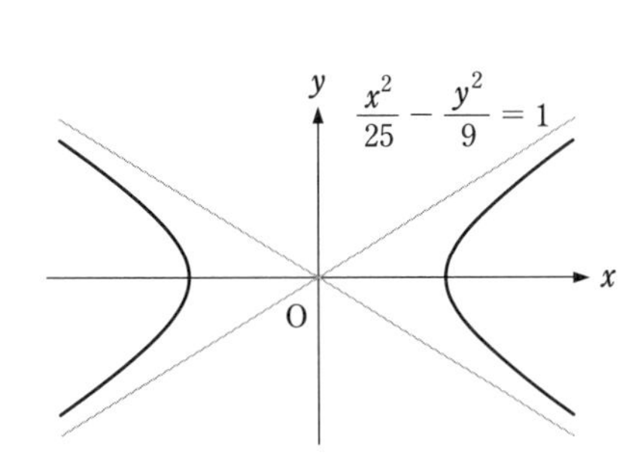

図 8.6　双曲線

問 1　次の曲線を図示せよ．
(1) $\dfrac{x^2}{4} - \dfrac{y^2}{9} = 1$　　(2) $3x^2 - 12y^2 = 1$

例題 2　$x^2 - 4xy + y^2 + 3 = 0$ ⋯ ①　はどのような曲線か？

解答　① の左辺 $x^2 - 4xy + y^2$ に注目すると，行列を用いて，

$$\begin{bmatrix} x & y \end{bmatrix}\begin{bmatrix} 1 & -2 \\ -2 & 1 \end{bmatrix}\begin{bmatrix} x \\ y \end{bmatrix}$$

と表される．したがって，① は，

$$\begin{bmatrix} x & y \end{bmatrix}\begin{bmatrix} 1 & -2 \\ -2 & 1 \end{bmatrix}\begin{bmatrix} x \\ y \end{bmatrix} = -3$$

となり，$A = \begin{bmatrix} 1 & -2 \\ -2 & 1 \end{bmatrix}$ とおくと

$$\begin{bmatrix} x & y \end{bmatrix} A \begin{bmatrix} x \\ y \end{bmatrix} = -3 \ \cdots \ ②$$

となる．この A を，直交行列 P で対角化する．A の固有値は，$\lambda=-1,3$ であり，各固有値に属する固有ベクトルを 1 つ求めると，

$$\lambda=-1 \text{ に属する固有ベクトルとして } \begin{bmatrix} 1 \\ 1 \end{bmatrix},$$

$$\lambda=3 \text{ に属する固有ベクトルとして } \begin{bmatrix} -1 \\ 1 \end{bmatrix}$$

を得る．大きさを 1 にして，$\boldsymbol{e}_1=\dfrac{1}{\sqrt{2}}\begin{bmatrix} 1 \\ 1 \end{bmatrix}$，$\boldsymbol{e}_2=\dfrac{1}{\sqrt{2}}\begin{bmatrix} -1 \\ 1 \end{bmatrix}$ とし，

$$P=[\boldsymbol{e}_1,\boldsymbol{e}_2]=\frac{1}{\sqrt{2}}\begin{bmatrix} 1 & -1 \\ 1 & 1 \end{bmatrix}$$

とおく．このとき，${}^tPP=E$ であり，

$${}^tPAP=\begin{bmatrix} -1 & 0 \\ 0 & 3 \end{bmatrix} \cdots ③$$

となる．そこで，$\begin{bmatrix} x \\ y \end{bmatrix}=P\begin{bmatrix} X \\ Y \end{bmatrix}$ と座標変換を行う．

両辺を転置すると $[x,y]=[X,Y]\,{}^tP$ より，これらを ② に代入すると，

$$\begin{bmatrix} X & Y \end{bmatrix}{}^tPAP\begin{bmatrix} X \\ Y \end{bmatrix}=-3 \cdots ④$$

を得る．ここで ③ より，④ は

$$\begin{bmatrix} X & Y \end{bmatrix}\begin{bmatrix} -1 & 0 \\ 0 & 3 \end{bmatrix}\begin{bmatrix} X \\ Y \end{bmatrix}=-3$$

となる．これを計算すると，

$$-X^2+3Y^2=-3$$

となり，

$$\frac{X^2}{3}-Y^2=1 \cdots ⑤$$

を得る．

すなわち，与えられた曲線は，XY 座標において，図 8.7 のような双曲線である．

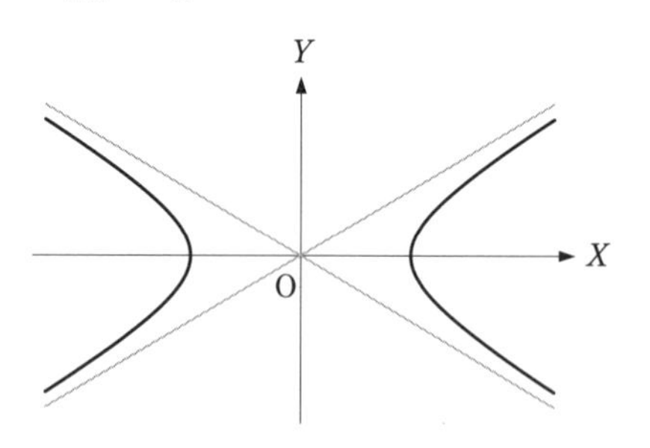

図 8.7　双曲線

最後に，XY 座標における双曲線 ⑤ を xy 座標で見ると，XY 座標の基底は $\boldsymbol{e}_1=\dfrac{1}{\sqrt{2}}\begin{bmatrix} 1 \\ 1 \end{bmatrix}$，$\boldsymbol{e}_2=\dfrac{1}{\sqrt{2}}\begin{bmatrix} -1 \\ 1 \end{bmatrix}$ であ

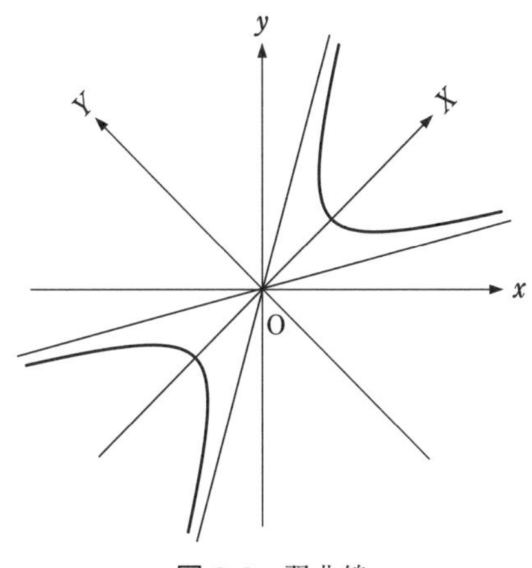

図 8.8 双曲線

るので，xy 座標にこれらを基底とする XY 座標を書き込むことにより，求める曲線は，図 8.8 のような双曲線となることがわかる． ▮

例題 3 $4x^2 + 12xy + 9y^2 + 3x - 2y = 0 \cdots$ ① はどのような曲線か？

 ① の左辺 $4x^2 + 12xy + 9y^2$ に注目すると，行列を用いて，

$$\begin{bmatrix} x & y \end{bmatrix} \begin{bmatrix} 4 & 6 \\ 6 & 9 \end{bmatrix} \begin{bmatrix} x \\ y \end{bmatrix}$$

と表される．したがって，① は，

$$\begin{bmatrix} x & y \end{bmatrix} \begin{bmatrix} 4 & 6 \\ 6 & 9 \end{bmatrix} \begin{bmatrix} x \\ y \end{bmatrix} = -3x + 2y$$

となり，$A = \begin{bmatrix} 4 & 6 \\ 6 & 9 \end{bmatrix}$ とおくと，

$$\begin{bmatrix} x & y \end{bmatrix} A \begin{bmatrix} x \\ y \end{bmatrix} = -3x + 2y \cdots ②$$

となる．A の固有値は，$\lambda = 13, 0$ であり，各固有値に属する固有ベクトルを 1 つ求めると，

$$\lambda = 13 \text{ に属する固有ベクトルとして } \begin{bmatrix} 2 \\ 3 \end{bmatrix},$$

$$\lambda = 0 \text{ に属する固有ベクトルとして } \begin{bmatrix} -3 \\ 2 \end{bmatrix}$$

を得る．大きさを1にして，$\boldsymbol{e}_1 = \dfrac{1}{\sqrt{13}}\begin{bmatrix} 2 \\ 3 \end{bmatrix}$，$\boldsymbol{e}_2 = \dfrac{1}{\sqrt{13}}\begin{bmatrix} -3 \\ 2 \end{bmatrix}$ とし，

$$P = [\boldsymbol{e}_1, \boldsymbol{e}_2] = \frac{1}{\sqrt{13}}\begin{bmatrix} 2 & -3 \\ 3 & 2 \end{bmatrix}$$

とおく．このとき，${}^tPP = E$ であり，

$${}^tPAP = \begin{bmatrix} 13 & 0 \\ 0 & 0 \end{bmatrix} \cdots ③$$

である．そこで，$\begin{bmatrix} x \\ y \end{bmatrix} = P\begin{bmatrix} X \\ Y \end{bmatrix}$ と座標変換を行う．

両辺を転置すると，$[x, y] = [X, Y]\,{}^tP$ より，これらを ② に代入すると，

$$\begin{bmatrix} X & Y \end{bmatrix} {}^tPAP \begin{bmatrix} X \\ Y \end{bmatrix} = -3x + 2y \cdots ④$$

を得る．さらに，

$$\begin{bmatrix} x \\ y \end{bmatrix} = \frac{1}{\sqrt{13}}\begin{bmatrix} 2 & -3 \\ 3 & 2 \end{bmatrix}\begin{bmatrix} X \\ Y \end{bmatrix}$$

より，

$$\begin{cases} x = \dfrac{1}{\sqrt{13}}(2X - 3Y) \\ y = \dfrac{1}{\sqrt{13}}(3X + 2Y) \end{cases}$$

を ④ の右辺に代入すると，

$$\begin{bmatrix} X & Y \end{bmatrix} {}^tPAP \begin{bmatrix} X \\ Y \end{bmatrix} = \sqrt{13}Y \cdots ⑤$$

を得る．

　ここで ③ より，⑤ は $13X^2 = \sqrt{13}Y$ となるので，

$$Y = \sqrt{13}X^2 \cdots ⑥ \text{ を得る．}$$

すなわち，与えられた曲線は，XY 座標において，図8.9のような放物線である．

　最後に，XY 座標における放物線 ⑥ を xy 座標で見ると，XY 座標の基底は

$$\boldsymbol{e}_1 = \frac{1}{\sqrt{13}}\begin{bmatrix} 2 \\ 3 \end{bmatrix},\ \boldsymbol{e}_2 = \frac{1}{\sqrt{13}}\begin{bmatrix} -3 \\ 2 \end{bmatrix}$$

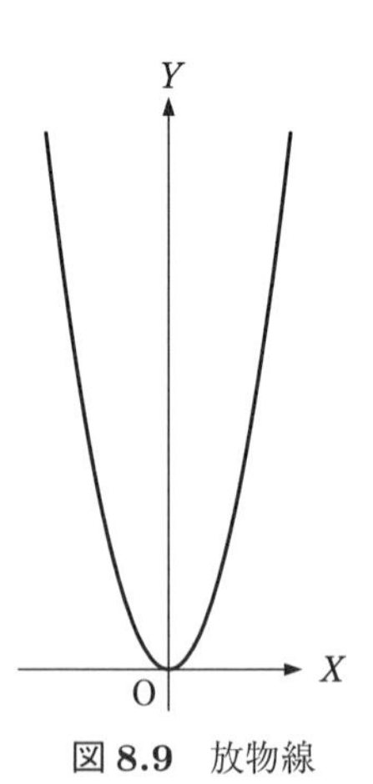

図 8.9　放物線

であるので，xy 座標にこれらを基底とする XY 座標を書き込むことにより，求める曲線は，図 8.10 のような放物線であることがわかる．▮

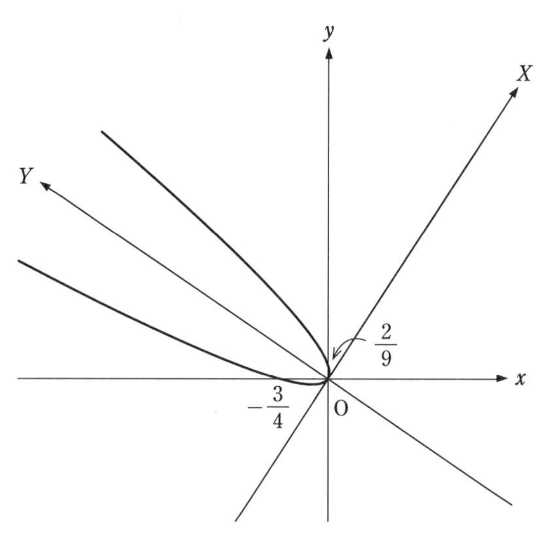

図 **8.10**　放物線

問題 8.2

1. 次の 2 次方程式で表される曲線を求めよ．いずれも，双曲線である．

(1) $x^2 + 8xy - 5y^2 - 21 = 0$

(2) $x^2 + 4xy - 2y^2 - 4 = 0$

(3) $x^2 + 2\sqrt{3}xy - y^2 - 2 = 0$

2. 次の 2 次方程式で表される曲線を求めよ．いずれも，放物線である．

(1) $x^2 + 4xy + 4y^2 + 2x - y = 0$

(2) $x^2 - 4xy + 4y^2 + 2x + y = 0$

(3) $4x^2 - 12xy + 9y^2 + 3x + 2y = 0$

第9章　発　展

9.1　複素数と四元数

序章第2節において，複素数と1次変換について学んだが，本節ではさらに詳しく学び，発展として四元数について学ぶ．

オイラーの関係式　e を自然対数の底とし，i を虚数単位とする $(i^2 = -1)$．このとき，次の等式が成り立つ．

$$e^{i\theta} = \cos\theta + i\sin\theta$$

これを**オイラーの関係式**という．詳細は省略するが，この等式に $\theta = \pi$ を代入すると，次の等式を得る．これは e と π と i を結ぶ，極めて深く美しい等式として知られている．

$$e^{i\pi} + 1 = 0$$

さて，a, b を実数とすると，

$$a + bi = \sqrt{a^2+b^2}\left(\frac{a}{\sqrt{a^2+b^2}} + \frac{b}{\sqrt{a^2+b^2}}i\right)$$

より，ある角 $\phi\ (0 \leqq \phi < 2\pi)$ によって，

$$\frac{a}{\sqrt{a^2+b^2}} = \cos\phi,\ \frac{b}{\sqrt{a^2+b^2}} = \sin\phi \quad \cdots ①$$

と書けるので，$r = \sqrt{a^2+b^2}$ とおくと，

$$a + bi = r(\cos\phi + i\sin\phi) = re^{i\phi}$$

と書ける．r を $a+bi$ の**大きさ**，ϕ を**偏角**という．

いま，$re^{i\phi}$ に $e^{i\theta}$ を掛けると，$re^{i\phi}\cdot e^{i\theta} = re^{i(\phi+\theta)}$ より，$e^{i\theta}$ を掛けることは，偏角の和，すなわち角 θ の回転を意味する．これが，序章第2節の問3の意味である．

問 1　上記の ① を示せ．

問 2　(1) 大きさ $\sqrt{2}$，偏角 45 度の複素数を求め図示せよ．
(2) 大きさ 2，偏角 210 度の複素数を求め図示せよ．

問 3　$e^{i\theta}$ の大きさは 1 であることを確認せよ．

円周等分点　原点を中心とする半径 1 の円周を**単位円周**という．このとき，$e^{i\theta}$ の大きさは 1 より，$e^{i\theta}$ は複素平面における単位円周上の点である．

いま，n を自然数とし，単位円周を n 等分する点を考える．それらは**円周等分点**と呼ばれ，2π を n 等分し，対応する複素数の偏角は $\dfrac{2\pi}{n}p\ (p=0,1,\cdots,n-1)$ である．

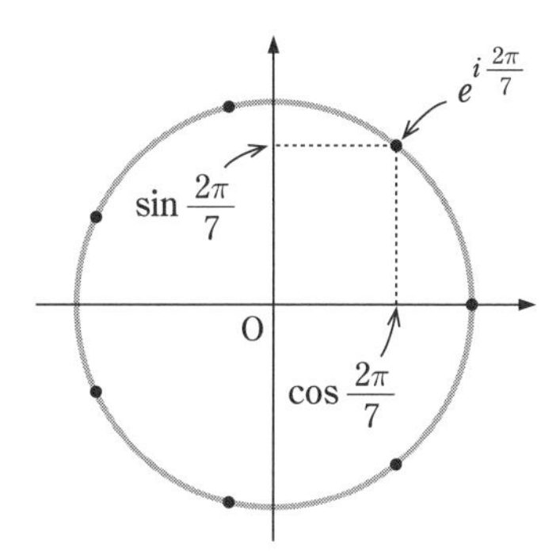

図 9.1　円周等分点 ($n=7$)

ここで，$\alpha = e^{i\frac{2\pi}{n}p}$ とすると α は単位円周の n 等分点であり，$\alpha^n = 1$ である．したがって，円周等分点は，次の方程式の解である．

$$x^n - 1 = 0$$

複素数 $\alpha = a + bi$ に対して，$\overline{\alpha} = a - bi$ を**共役複素数**という．実数を係数とする代数方程式が，ある複素数を解にもてば，その共役複素数も解となることが知られている．このことから，円周等分点となる複素数に対して，その共役複素数も円周等分点となることがわかる．しかもそれは，等分による対称性を考えると，幾何的にも明らかなことであろう．

問 4　次の方程式を解き，解を複素平面上に図示せよ．
(1) $x^3 - 1 = 0$　　(2) $x^4 - 1 = 0$

さて，これまで複素数の幾何的な性質を学び，特に平面上の回転は複素数の積で表現されることがわかった．そこで次に，空間内の回転について考えよう．空間内の回転とは，xyz 座標において，原点 O を通る直線を軸とする回転であり，軸の正の方向に右ねじが進む向きを正の回転とする．たとえば，xy 平面における角 θ の回転は，xyz 空間では z 軸のまわりの回転となり，その行列表示は以下となる．

$$\begin{bmatrix} \cos\theta & -\sin\theta & 0 \\ \sin\theta & \cos\theta & 0 \\ 0 & 0 & 1 \end{bmatrix}$$

問 5　x 軸および y 軸を回転軸とした，空間内の回転を表す行列を書け．

問 6　ベクトル $\begin{bmatrix} 1 \\ 1 \\ 1 \end{bmatrix}$ を x 軸のまわりに 90 度回転したベクトルを求めよ．

四元数　i, j, k を，次の関係をみたす 3 つの虚数単位とする．

$$i^2 = j^2 = k^2 = -1$$

$$ij = k, \qquad jk = i, \qquad ki = j$$

$$ji = -k, \qquad kj = -i, \qquad ik = -j$$

これらを，**ハミルトンの関係式**という．

いま，w, x, y, z を実数とするとき，次の形の数を**四元数**という．

$$q = w + xi + yj + zk$$

さらに，

$$|q| = \sqrt{w^2 + x^2 + y^2 + z^2}$$

を q の大きさ，

$$\overline{q} = w - xi - yj - zk$$

を**共役四元数**という．

さて，2つの四元数 q_1, q_2 の和と積は，複素数の場合と同様に定義されるが，ハミルトンの関係式より，積については，q_1q_2 と q_2q_1 が必ずしも等しくならない．これは，これまでの数 (実数，複素数) からは考えられないことである．

$$q_1 = w_1 + x_1i + y_1j + z_1k, \quad q_2 = w_2 + x_2i + y_2j + z_2k$$

として計算を実行すると，次のようになる．

$$\begin{aligned} q_1q_2 = &(w_1w_2 - x_1x_2 - y_1y_2 - z_1z_2) + (w_1x_2 + x_1w_2 + y_1z_2 - z_1y_2)i \\ &+ (w_1y_2 - x_1z_2 + y_1w_2 + z_1x_2)j + (w_1z_2 + x_1y_2 - y_1x_2 + z_1w_2)k \end{aligned}$$

問 7　$q_1 = i + j + k$, $q_2 = i - j + k$ として，q_1q_2 および q_2q_1 を計算せよ．

複素数 $a + bi$ が $a = 0$ であるとき，bi を**純虚数**と呼ぶ．それと同様に，四元数 $w + xi + yj + zk$ が $w = 0$ であるとき，$xi + yj + zk$ を**純四元数**と呼ぶことにする．このとき，空間内の点を純四元数とみなすことができる．

空間内の点		純四元数
(x, y, z)	$\longleftrightarrow$	$xi + yj + zk$

いま，$\mathrm{P}(p_1, p_2, p_3)$ を，$|\overrightarrow{\mathrm{OP}}| = 1$ である空間内の点とする．すなわち，

$${p_1}^2 + {p_2}^2 + {p_3}^2 = 1$$

である．そこで，ある角 θ を用いて，

$$q = \cos\frac{\theta}{2} + (p_1i + p_2j + p_3k)\sin\frac{\theta}{2}$$

という四元数を考える．これは大きさ1の四元数である (問題 9.1.7)．また，純四元数 $\boldsymbol{x} = xi + yj + zk$ に対して，$q\boldsymbol{x}\overline{q}$ は再び同じ大きさの純四元数となることが知られている．したがって，$\boldsymbol{x}$ を，$q\boldsymbol{x}\overline{q}$ に移す対応は，ベクトルの大きさを変えずに，空間内の点を空間内の点に移す対応である．このとき，次が成り立つ．

定理 9.1.1
上記の対応 $\boldsymbol{x} \longmapsto q\boldsymbol{x}\overline{q}$ は，直線 OP を軸とする角 θ の回転である．

この証明は省略するが，この定理は，空間内の回転が四元数の積で表現されることを示している．

例題 1　問 6 を，四元数を用いて解け．

解答　x 軸上原点からの距離が 1 の点は，$(1,0,0)$ であり，$\dfrac{90^\circ}{2}$ は $\dfrac{\pi}{4}$ より，$q = \cos\dfrac{\pi}{4} + i\sin\dfrac{\pi}{4}$，$\overline{q} = \cos\dfrac{\pi}{4} - i\sin\dfrac{\pi}{4}$ である．また，$(1,1,1)$ は純四元数 $\boldsymbol{x} = i+j+k$ に対応する．したがって，

$$q\boldsymbol{x}\overline{q} = \left(\frac{1}{\sqrt{2}} + \frac{1}{\sqrt{2}}i\right)(i+j+k)\left(\frac{1}{\sqrt{2}} - \frac{1}{\sqrt{2}}i\right) = i - j + k.$$

これは，$(1,-1,1)$ に対応し，求めるベクトルは，$\begin{bmatrix} 1 \\ -1 \\ 1 \end{bmatrix}$ である．　■

問 8　例題 1 の解答における $q\boldsymbol{x}\overline{q}$ の計算を確認せよ．

問題 9.1

1. $x^5 - 1 = 0$ を解け．また，この解を複素平面上に打ち，正 5 角形を描け．
2. 前問 1 の解を利用し，$\sin\dfrac{2\pi}{5}$ および $\cos\dfrac{6\pi}{5}$ を求めよ．
3. $x^4 - 4x^3 + 47x^2 + 8x - 98 = 0$ は $x = 2 + 3\sqrt{5}i$ を解にもつという．このとき，この方程式を解け．
4. $(\cos\theta + i\sin\theta)^n = \cos n\theta + i\sin n\theta$ を示せ．これをド・モアブルの定理という．
5. ベクトル $\begin{bmatrix} 2 \\ 1 \\ -1 \end{bmatrix}$ を z 軸のまわりに 90 度回転したベクトルを，行列

を用いる方法と，四元数を用いる方法の 2 通りで求めよ．

6. ベクトル $\begin{bmatrix} 1 \\ -2 \\ 1 \end{bmatrix}$ を y 軸のまわりに 60 度回転したベクトルを，行列を用いる方法と，四元数を用いる方法の 2 通りで求めよ．

7. 次の (1), (2) を示せ．

(1) ${p_1}^2 + {p_2}^2 + {p_3}^2 = 1$ のとき，$\cos\theta + (p_1 i + p_2 j + p_3 k)\sin\theta$ は大きさ 1 の四元数である．

(2) $x_0 + x_1 i + x_2 j + x_3 k$ が大きさ 1 の四元数のとき，

$$x_0 = \cos\theta, x_\ell = p_\ell \sin\theta \ (\ell = 1, 2, 3) \text{ ただし, } {p_1}^2 + {p_2}^2 + {p_3}^2 = 1$$

と表される．

9.2　ジョルダンの標準形

第6章において，行列の対角化について学んだ．特に，n 次行列が相異なる n 個の固有値をもつときは対角化可能であり，行列の巾乗の計算も容易になる．しかし，一般には行列は対角化可能とは限らずその取り扱いも難しくなる．本節では，そのような対角化できない行列について，対角化にどこまで近づけるかということについて考察する．

ジョルダン細胞とジョルダン行列　次の形の k 次正方行列を**ジョルダン細胞**といい，$J(\alpha, k)$ と書く．

$$J(\alpha, k) = \begin{bmatrix} \alpha & 1 & & 0 \\ & \alpha & \ddots & \\ & & \ddots & 1 \\ 0 & & & \alpha \end{bmatrix}$$

2つの正方行列 A, B を対角線に並べてできる行列を $A\dot{+}B$ と書き，A と B の**直和**という．このとき，ℓ 個のジョルダン細胞の直和からなる行列を，**ジョルダン行列**といい，J と書く．

$$J = J(\alpha_1, k_1)\dot{+}J(\alpha_2, k_2)\dot{+}\cdots\dot{+}J(\alpha_\ell, k_\ell)$$

例 1　$A\dot{+}B = \begin{bmatrix} A & O \\ O & B \end{bmatrix}$

$$J(2,1)\dot{+}J(-3,2)\dot{+}J(4,1) = \begin{bmatrix} 2 & 0 & 0 & 0 \\ 0 & -3 & 1 & 0 \\ 0 & 0 & -3 & 0 \\ 0 & 0 & 0 & 4 \end{bmatrix}$$ ■

問 1　次のジョルダン行列を書け．
(1) $J(2,2)\dot{+}J(-3,3)$　　(2) $J(1,1)\dot{+}J(3,3)\dot{+}J(-2,4)$

与えられた行列に対して，対角化にどこまで近づけるかという問題に関して，次が成り立つ．

定理 9.2.1 (ジョルダンの標準形)
任意の n 次正方行列 A に対して，正則行列 P が存在し，次が成り立つ．

$$P^{-1}AP = J(\alpha_1, k_1) \dotplus J(\alpha_2, k_2) \dotplus \cdots \dotplus J(\alpha_\ell, k_\ell)$$

与えられた行列 A に対して，右辺のジョルダン行列を A の**ジョルダンの標準形**という．

この定理の証明は省略するが，与えられた行列をジョルダンの標準形に変換するための，正則行列 P の求め方を考えよう．簡単のために，A を 3 次行列とし，ジョルダン細胞が 1 つの場合を考える．すなわち，

$$P^{-1}AP = \begin{bmatrix} \alpha & 1 & 0 \\ 0 & \alpha & 1 \\ 0 & 0 & \alpha \end{bmatrix}$$

とする．$P = [\boldsymbol{x}_1, \boldsymbol{x}_2, \boldsymbol{x}_3]$ とすると，

$$A[\boldsymbol{x}_1, \boldsymbol{x}_2, \boldsymbol{x}_3] = [\boldsymbol{x}_1, \boldsymbol{x}_2, \boldsymbol{x}_3] \begin{bmatrix} \alpha & 1 & 0 \\ 0 & \alpha & 1 \\ 0 & 0 & \alpha \end{bmatrix}$$

より，

$$\begin{cases} A\boldsymbol{x}_1 = \alpha\boldsymbol{x}_1 & \cdots ① \\ A\boldsymbol{x}_2 = \boldsymbol{x}_1 + \alpha\boldsymbol{x}_2 & \cdots ② \\ A\boldsymbol{x}_3 = \boldsymbol{x}_2 + \alpha\boldsymbol{x}_3 & \cdots ③ \end{cases}$$

を得る．さらに，これらの式を変形すると，次を得る．

$$\begin{cases} (A - \alpha E)\boldsymbol{x}_1 = \boldsymbol{0} & \cdots ①' \\ (A - \alpha E)\boldsymbol{x}_2 = \boldsymbol{x}_1 & \cdots ②' \\ (A - \alpha E)\boldsymbol{x}_3 = \boldsymbol{x}_2 & \cdots ③' \end{cases}$$

① (または ①$'$) から，$\boldsymbol{x}_1$ は A の固有ベクトルである．さらに，②$'$ および ③$'$ から，$\boldsymbol{x}_2$, $\boldsymbol{x}_3$ は，それぞれ $A - \alpha E$ を係数行列とし，右辺を $\boldsymbol{x}_1$, $\boldsymbol{x}_2$ と

した連立1次方程式の解であることがわかる．この考えに沿って，次の例題をやってみよう．

例題 1　次の行列 A のジョルダンの標準形を求めよ．

$$A = \begin{bmatrix} 0 & 0 & 1 \\ -1 & 1 & 1 \\ -3 & -1 & 4 \end{bmatrix}$$

解答　A の固有方程式は $(t-1)(t-2)^2 = 0$ となるので，固有値は $\lambda = 1, 2$ であり，$\lambda = 1$ の重複度は 1，$\lambda = 2$ の重複度は 2 である．
連立方程式 $(A - \lambda E)\boldsymbol{x} = \boldsymbol{0}$ に $\lambda = 1$ を代入して固有ベクトルを求めると，
$\begin{bmatrix} x \\ y \\ z \end{bmatrix} = \begin{bmatrix} c \\ 0 \\ c \end{bmatrix}$ を得るので，$c = 1$ として，$\boldsymbol{x}_1 = \begin{bmatrix} 1 \\ 0 \\ 1 \end{bmatrix}$ を得る．
次に $\lambda = 2$ を代入して固有ベクトルを求めると，
$\begin{bmatrix} x \\ y \\ z \end{bmatrix} = \begin{bmatrix} c \\ c \\ 2c \end{bmatrix}$ を得るので，$c = 1$ として，$\boldsymbol{x}_2 = \begin{bmatrix} 1 \\ 1 \\ 2 \end{bmatrix}$ を得る．
$\lambda = 2$ の重複度は 2 であるが，1次独立な固有ベクトルは1つだけである．そこで，$\boldsymbol{x}_3$ を得るために，右辺のベクトルを $\boldsymbol{x}_2$ とした連立方程式 $(A - 2E)\boldsymbol{x} = \boldsymbol{x}_2$ を考える．
これを解くと，
$\begin{bmatrix} x \\ y \\ z \end{bmatrix} = \begin{bmatrix} c \\ c \\ 2c+1 \end{bmatrix}$ より，$c = 1$ として，$\boldsymbol{x}_3 = \begin{bmatrix} 1 \\ 1 \\ 3 \end{bmatrix}$ を得る．

したがって，$P = [\boldsymbol{x}_1, \boldsymbol{x}_2, \boldsymbol{x}_3] = \begin{bmatrix} 1 & 1 & 1 \\ 0 & 1 & 1 \\ 1 & 2 & 3 \end{bmatrix}$，$P^{-1} = \begin{bmatrix} 1 & -1 & 0 \\ 1 & 2 & -1 \\ -1 & -1 & 1 \end{bmatrix}$ であり，

$$P^{-1}AP = \begin{bmatrix} 1 & 0 & 0 \\ 0 & 2 & 1 \\ 0 & 0 & 2 \end{bmatrix}$$

を得る．　■

問 2　$A = \begin{bmatrix} 2 & 1 \\ -1 & 4 \end{bmatrix}$ のジョルダンの標準形を求めよ．

注意 例題1および問2の行列は，固有値の重複度が2である．重複度が3以上となる場合は，本書では取り扱わない．

例題 2 $A = \begin{bmatrix} 2 & 1 \\ 0 & 2 \end{bmatrix}$ のとき，A^n を求めよ．

解答 $B = \begin{bmatrix} 2 & 0 \\ 0 & 2 \end{bmatrix}, C = \begin{bmatrix} 0 & 1 \\ 0 & 0 \end{bmatrix}$ とすると，$A = B + C$ である．$BC = CB$ より二項定理を用いて，

$$A^n = (B+C)^n = \sum_{r=0}^{n} {}_n\mathrm{C}_r B^{n-r} C^r$$

ここで，$r > 1$ のとき $C^r = O$ より，

$$\begin{aligned} A^n &= B^n + nB^{n-1}C \\ &= \begin{bmatrix} 2^n & 0 \\ 0 & 2^n \end{bmatrix} + n \begin{bmatrix} 2^{n-1} & 0 \\ 0 & 2^{n-1} \end{bmatrix} \begin{bmatrix} 0 & 1 \\ 0 & 0 \end{bmatrix} \\ &= \begin{bmatrix} 2^n & n2^{n-1} \\ 0 & 2^n \end{bmatrix} \end{aligned}$$

を得る． ∎

問 3 $A = \begin{bmatrix} 2 & 1 \\ -1 & 4 \end{bmatrix}$ のとき，A^n を求めよ．

広義固有空間 n 次正方行列 A とその固有ベクトル λ に対して，

$$(A - \lambda E)\boldsymbol{x} = \boldsymbol{0}$$

をみたすベクトル $\boldsymbol{x}$ 全体を λ に属する固有空間といい，$W(\lambda; A)$ と書いた．そこで，一般に，

$$(A - \lambda E)^m \boldsymbol{x} = \boldsymbol{0}$$

をみたすベクトル $\boldsymbol{x}$ 全体を λ に属する**広義固有空間**といい，$\widetilde{W}(\lambda; A)$ と書く（ここで m は十分大きい自然数）．

広義固有空間における1次独立なベクトルが，A をジョルダンの標準形に変換するための正則行列 P を構成することは，次のように理解できる．まず，定

理 9.2.1 に続く説明における，①$'$,②$'$,③$'$ を思い出そう．

②$'$ の両辺に左から $(A-\alpha E)$ を掛けると，①$'$ より，

$$(A-\alpha E)^2\boldsymbol{x}_2=(A-\alpha E)\boldsymbol{x}_1=\mathbf{0}\cdots④$$

を得る．③$'$ の両辺に左から $(A-\alpha E)^2$ を掛けると，④ より，

$$(A-\alpha E)^3\boldsymbol{x}_3=(A-\alpha E)^2\boldsymbol{x}_2=\mathbf{0}\cdots⑤$$

を得る．①$'$,④,⑤ より，$\boldsymbol{x}_1,\boldsymbol{x}_2,\boldsymbol{x}_3$ が，広義固有空間のベクトルであることがわかる．

固有空間の次元は，固有値の重複度と一致するとは限らないが，広義固有空間の次元については次が成り立つ．

定理 9.2.2
任意の n 次正方行列 A とその固有値 λ に対して，λ に属する広義固有空間の次元は，固有値の重複度に一致する．

問題 9.2

1. 次の行列のジョルダンの標準形を求めよ．さらに A^n を求めよ．

(1) $A=\begin{bmatrix}-1 & -4\\ 1 & 3\end{bmatrix}$　(2) $A=\begin{bmatrix}-6 & -1\\ 9 & 0\end{bmatrix}$

2. 次の行列のジョルダンの標準形を求めよ．

(1) $A=\begin{bmatrix}3 & 1 & 1\\ -2 & 4 & -1\\ -2 & -1 & 0\end{bmatrix}$　(2) $A=\begin{bmatrix}5 & -7 & 4\\ 1 & -3 & 1\\ -6 & 6 & -5\end{bmatrix}$

解答 (略解)

0.1 2次行列の計算と逆行列

問 1 (1) $5A-2B=\begin{bmatrix} 8 & 5 \\ -3 & 21 \end{bmatrix}$ (2) $-4A+3B=\begin{bmatrix} -5 & -4 \\ 1 & -14 \end{bmatrix}$

(3) $X=\dfrac{1}{2}\begin{bmatrix} -5 & -3 \\ 2 & -13 \end{bmatrix}$ (4) $Y=\dfrac{1}{3}\begin{bmatrix} 0 & -1 \\ -1 & -1 \end{bmatrix}$

問 2 (1) $AB=\begin{bmatrix} 1 & 8 \\ 1 & 18 \end{bmatrix}$ (2) $BA=\begin{bmatrix} 5 & 6 \\ 10 & 14 \end{bmatrix}$

(3) $A^2-B^2=\begin{bmatrix} 4 & 6 \\ 13 & 11 \end{bmatrix}$ (4) $(A+B)(A-B)=\begin{bmatrix} 8 & 4 \\ 22 & 7 \end{bmatrix}$

問 3 (1) $A^{-1}=\begin{bmatrix} -2 & 3 \\ 1 & -1 \end{bmatrix}$ (2) $B^{-1}=\dfrac{1}{11}\begin{bmatrix} 4 & 1 \\ -3 & 2 \end{bmatrix}$

(3) $X=2\begin{bmatrix} 5 & 14 \\ -1 & -5 \end{bmatrix}$ (4) $Y=\begin{bmatrix} -9 & 7 \\ -2 & 1 \end{bmatrix}$

問題 0.1

1. (1) $X=\begin{bmatrix} 1 & -1 \\ 0 & 10 \end{bmatrix}$, $Y=\begin{bmatrix} 0 & -1 \\ -1 & 2 \end{bmatrix}$

(2) $X=2\begin{bmatrix} -4 & 2 \\ 3 & -1 \end{bmatrix}$, $Y=-\dfrac{1}{10}\begin{bmatrix} 12 & 2 \\ 1 & 1 \end{bmatrix}$

2. $a=2,\ b=1,\ c=3$

3. $x=-3,\ y=-5$

4. $x=0,\ 1,\ -1$

5. $a\neq -1\pm\sqrt{2}$

6. $A \neq O,\ B \neq O$ であるが，$AB = O$ という行列が存在するので，命題は偽である (A, B の例を見つけよ).

7. $A = \begin{bmatrix} a & b \\ c & d \end{bmatrix}$ を，与式左辺に代入することにより，求める等式を得る.

8. (1) $E = \begin{bmatrix} 1 & 0 \\ 0 & 1 \end{bmatrix}$　(2) $6A - 5E = \begin{bmatrix} 25 & -24 \\ 24 & -23 \end{bmatrix}$

0.2 連立 1 次方程式と 1 次変換

問 1 (1) $\begin{bmatrix} x \\ y \end{bmatrix} = \begin{bmatrix} -26 \\ -19 \end{bmatrix}$　(2) $\begin{bmatrix} x \\ y \end{bmatrix} = \begin{bmatrix} 1 \\ -3 \end{bmatrix}$

問 2 $\dfrac{1}{2}\begin{bmatrix} 1 & -\sqrt{3} \\ \sqrt{3} & 1 \end{bmatrix}$　$\mathrm{P}'\left(\dfrac{2-\sqrt{3}}{2},\ \dfrac{2\sqrt{3}+1}{2}\right)$　$\mathrm{Q}'(-1, -\sqrt{3})$

問 3 原点を中心とする角 θ の回転.

問題 0.2

1. (1) $\begin{bmatrix} x \\ y \end{bmatrix} = \begin{bmatrix} 9 \\ 12 \end{bmatrix}$　(2) $\begin{bmatrix} x \\ y \end{bmatrix} = \begin{bmatrix} \frac{2}{3}c + 1 \\ c \end{bmatrix}$ (c は任意定数)

(3) 解なし.

2. $k = 7,\ -1$

3. (1) $\mathrm{Q}(0, 3)$　(2) $\mathrm{R}\left(-8,\ \dfrac{19}{3}\right)$　(3) 直線 $11x - 5y - 9 = 0$ に移る.

4. (1) 17　(2) 22

5. $a' = -1 + 5i,\ b' = -1 - 3i,\ c' = 4$ を頂点とする三角形に移る.

6. $\begin{bmatrix} 1 & -1 \\ 1 & 1 \end{bmatrix} = \begin{bmatrix} \sqrt{2} & 0 \\ 0 & \sqrt{2} \end{bmatrix}\begin{bmatrix} \cos 45^\circ & -\sin 45^\circ \\ \sin 45^\circ & \cos 45^\circ \end{bmatrix}$ より，45 度回転と $\sqrt{2}$ 倍の拡大の合成になっている.

1.1 行列とその表現

問 1 $\boldsymbol{a}_1 = [a_{11}, a_{12}, \cdots, a_{1n}]$, $\boldsymbol{a}_2 = [a_{21}, a_{22}, \cdots, a_{2n}]$, $\cdots$,
$\boldsymbol{a}_m = [a_{m1}, a_{m2}, \cdots, a_{mn}]$ とするとき,

$$A = \begin{bmatrix} \boldsymbol{a}_1 \\ \boldsymbol{a}_2 \\ \vdots \\ \boldsymbol{a}_m \end{bmatrix}$$ と表される．これを A の行ベクトル表示という．

問 2 $A = \begin{bmatrix} 2 & 3 & 4 & 5 \\ 0 & 1 & 2 & 3 \\ -2 & -4 & -6 & -8 \\ 1 & 4 & 9 & 16 \end{bmatrix}$

問 3 ${}^tA = \begin{bmatrix} 3 & x & -a \\ -2 & \pi & 5 \\ 5 & \sqrt{5} & 27 \end{bmatrix}$

問 4 $A = \begin{bmatrix} 1 & 0 & 1 \\ 0 & 0 & 0 \\ 0 & 0 & 0 \end{bmatrix}$

問 5 (1) $a = -1, b = 1, c = 3$　(2) $x = 0, y = -1, z = \dfrac{1}{2}, w = 1$

問 6 $A = [a_{ij}]$ ，$a_{ij} = 0$ $(i < j)$ である行列を下三角行列という．

問題 1.1

1. (1) 3×4 型

(2) $a_{11} = 2$, $a_{12} = -5$, $a_{13} = x$, $a_{14} = 7$, $a_{21} = \sqrt{7}$, $a_{22} = -8$, $a_{23} = p + q$, $a_{24} = -2$, $a_{31} = \pi$, $a_{32} = 0$, $a_{33} = 1$, $a_{34} = 3$

(3) $[2,\ -5,\ x,\ 7]$, $[\sqrt{7},\ -8,\ p+q,\ -2]$, $[\pi,\ 0,\ 1,\ 3]$

(4) $\begin{bmatrix} 2 \\ \sqrt{7} \\ \pi \end{bmatrix}$, $\begin{bmatrix} -5 \\ -8 \\ 0 \end{bmatrix}$, $\begin{bmatrix} x \\ p+q \\ 1 \end{bmatrix}$, $\begin{bmatrix} 7 \\ -2 \\ 3 \end{bmatrix}$

(5) $^tA = \begin{bmatrix} 2 & \sqrt{7} & \pi \\ -5 & -8 & 0 \\ x & p+q & 1 \\ 7 & -2 & 3 \end{bmatrix}$

2. (1) $A = \begin{bmatrix} 0 & 1 & 2 \\ 1 & 0 & 1 \\ 2 & 1 & 0 \end{bmatrix}$ (2) $A = \begin{bmatrix} 1 & 0 & -1 \\ 3 & 2 & 1 \\ 5 & 4 & 3 \end{bmatrix}$

(3) $A = \begin{bmatrix} 0 & 1 & 0 \\ 0 & 0 & 1 \\ 0 & 0 & 0 \end{bmatrix}$ (4) $A = \begin{bmatrix} 1 & 0 & 0 \\ 0 & 2 & 0 \\ 0 & 0 & 3 \end{bmatrix}$

3. (1) $a_{ij} = i + j$ (2) $a_{ij} = i - 2j$ (3) $a_{ij} = i^j$

4. (1) $a = -4,\ b = 2,\ c = -5$ (2) $a = 3,\ b = 5,\ c = 3$

5. (1) $a = -6,\ b = 1,\ c = 5,\ d = -1$ (2) $a = 0,\ b = 5,\ c = -3,\ d = 2$

6. $^tA = A$ と $^tA = -A$ より，$A = -A$．すなわち，$A = O$

7. (1) 省略． (2) $a_{ii} = i^2$，$1 + 4 + 9 + \cdots + n^2 = \dfrac{n(n+1)(2n+1)}{6}$

8. (1) 省略． (2) $a_{ij} = 2i + j - 2$

1.2 行列の演算

問 1 $3A - 2B = \begin{bmatrix} 7 & -6 & 19 & 6 \\ -1 & 8 & 13 & 4 \\ 10 & -11 & 5 & -2 \end{bmatrix}$

問 2 $DA = \begin{bmatrix} -6 & -9 & -3 & 0 \\ 2 & -11 & 8 & 14 \\ 6 & 1 & 7 & 8 \end{bmatrix}$，$CD = \begin{bmatrix} 16 & 48 \\ -2 & 15 \\ 6 & 16 \\ -12 & -24 \end{bmatrix}$

問 3 (1) $AB = \begin{bmatrix} 1 & 2 & 4 \\ 2 & -1 & 0 \end{bmatrix}$ (2) $BC = \begin{bmatrix} 7 \\ 5 \\ 7 \end{bmatrix}$

(3) $(AB)C = \begin{bmatrix} 17 \\ 0 \end{bmatrix}$ (4) $A(BC) = \begin{bmatrix} 17 \\ 0 \end{bmatrix}$

問 4　(1) $AB = \begin{bmatrix} 1 & -3 & 1 \\ 2 & 0 & 4 \\ 3 & 3 & 7 \end{bmatrix}$　(2) ${}^tB\,{}^tA = \begin{bmatrix} 1 & 2 & 3 \\ -3 & 0 & 3 \\ 1 & 4 & 7 \end{bmatrix}$

問 5　$AB = \begin{bmatrix} A_{11}B_{11} + A_{12}B_{21} & A_{11}B_{12} + A_{12}B_{22} \\ A_{21}B_{11} + A_{22}B_{21} & A_{21}B_{12} + A_{22}B_{22} \end{bmatrix} = \begin{bmatrix} 6 & -7 & 11 \\ 2 & 6 & -8 \\ -4 & -7 & -9 \end{bmatrix}$

問題 1.2

1.　(1) $\begin{bmatrix} 6 & 0 & -2 \\ 10 & -10 & -3 \end{bmatrix}$　(2) $\begin{bmatrix} 6 & -15 & -3 \\ 2 & -5 & -1 \\ 0 & 0 & 0 \end{bmatrix}$　(3) $[20]$

(4) $\begin{bmatrix} -12 & 4 & 7 \\ 52 & -1 & -9 \\ -31 & 21 & -26 \end{bmatrix}$

2.　$AD = [1\ \ 7]$,　$BA = \begin{bmatrix} 2 & -4 & 6 \\ 0 & 0 & 0 \\ -3 & 6 & -9 \\ 5 & -10 & 15 \end{bmatrix}$,　$CD = \begin{bmatrix} 20 & -5 \\ 1 & 10 \end{bmatrix}$

$DC = \begin{bmatrix} -2 & 3 & 1 \\ -18 & 24 & -2 \\ -5 & 9 & 8 \end{bmatrix}$

3.　(1) $A^n = \begin{bmatrix} 2^n & 2^n - 1 \\ 0 & 1 \end{bmatrix}$　(2) $B^n = \begin{bmatrix} 3^n & 0 & 0 \\ 0 & a^n & 0 \\ 0 & 0 & b^n \end{bmatrix}$

(3) $C^n = \begin{bmatrix} 1 & 0 & 0 \\ 0 & 1 & 0 \\ 0 & 0 & 1 \end{bmatrix} (n = 3k)$, $\begin{bmatrix} 0 & 1 & 0 \\ 0 & 0 & 1 \\ 1 & 0 & 0 \end{bmatrix} (n = 3k + 1)$,

$\begin{bmatrix} 0 & 0 & 1 \\ 1 & 0 & 0 \\ 0 & 1 & 0 \end{bmatrix} (n = 3k + 2)$

4.　$A + {}^tA = \begin{bmatrix} 4 & 1 & 2 \\ 1 & 8 & -1 \\ 2 & -1 & 6 \end{bmatrix}$,　$A - {}^tA = \begin{bmatrix} 0 & 1 & -8 \\ -1 & 0 & 3 \\ 8 & -3 & 0 \end{bmatrix}$

5. (1) ${}^t(A+{}^tA) = {}^tA + {}^t({}^tA) = {}^tA + A = A + {}^tA$ より，$A+{}^tA$ は対称行列.

(2) ${}^t(A-{}^tA) = {}^tA - {}^t({}^tA) = {}^tA - A = -(A-{}^tA)$ より，$A-{}^tA$ は交代行列.

6. $(A+B)(A-B) = A^2 - AB + BA - B^2 = A^2 - B^2 \iff -AB + BA = O \iff AB = BA$

7. $A = [a_{ij}]$, $B = [b_{ij}]$ をともに上三角行列とする．$AB = [c_{ij}]$ とすると，$c_{ij} = \{a_{i1}b_{1j} + \cdots + a_{ij}b_{jj}\} + \{a_{ij+1}b_{j+1j} + \cdots + a_{in}b_{nj}\}$ である．いま，$i > j$ とすると，A, B はともに上三角行列より，$a_{i1} = \cdots = a_{ij} = 0$ と，$b_{j+1j} = \cdots = b_{nj} = 0$ から，$c_{ij} = 0$ である．すなわち，AB は上三角行列.

8. $A = [a_{ij}]$, $B = [b_{ij}]$ とし，${}^t(AB)$ の (i,j) 成分と，${}^tB\,{}^tA$ の (i,j) 成分が等しいことを示す.

2.1 掃き出し法と基本変形

問 1 (1) $\begin{cases} x = 6 \\ y = 1 \end{cases}$　(2) $\begin{cases} x = 4 \\ y = 0 \\ z = -3 \end{cases}$

問 2 (1) $\begin{cases} x = 1 \\ y = -1 \end{cases}$　(2) $\begin{cases} x = 1 \\ y = 2 \\ z = 3 \end{cases}$

問題 2.1

1. (1) $\begin{cases} x = 1 \\ y = 1 \end{cases}$　(2) $\begin{cases} x = \dfrac{5}{2} \\ y = \dfrac{13}{2} \end{cases}$

2. (1) $\begin{cases} x = -25 \\ y = -8 \\ z = 10 \end{cases}$　(2) $\begin{cases} x = \dfrac{1}{3} \\ y = -\dfrac{2}{3} \\ z = \dfrac{5}{3} \end{cases}$

3. (1) $\begin{cases} x = -23 \\ y = 14 \end{cases}$　(2) $\begin{cases} x = \dfrac{17}{3} \\ y = \dfrac{13}{3} \end{cases}$

4. (1) $\begin{cases} x = 5 \\ y = 12 \\ z = -7 \end{cases}$　(2) $\begin{cases} x = -\dfrac{33}{2} \\ y = 13 \\ z = -\dfrac{3}{2} \end{cases}$

(3) $\begin{cases} x = -1 \\ y = 3 \\ z = 2 \end{cases}$　(4) $\begin{cases} x = -\dfrac{1}{2} \\ y = 1 \\ z = \dfrac{3}{2} \end{cases}$

5. $\begin{cases} x = 2 \\ y = -1 \\ z = -2 \\ w = 0 \end{cases}$

2.2 行列の簡約化

問 1 (1) $\begin{bmatrix} 1 & 0 & 3 \\ 0 & 1 & 0 \\ 0 & 0 & 0 \end{bmatrix}$　(2) $\begin{bmatrix} 1 & 0 & 0 & -1 \\ 0 & 1 & 0 & -1 \\ 0 & 0 & 1 & -1 \end{bmatrix}$

問 2 (1) $\begin{bmatrix} x \\ y \end{bmatrix} = c \begin{bmatrix} -4 \\ 1 \end{bmatrix} + \begin{bmatrix} 3 \\ 0 \end{bmatrix}$　(c は任意定数)

(2) $\begin{bmatrix} x \\ y \\ z \end{bmatrix} = c \begin{bmatrix} -1 \\ 1 \\ 1 \end{bmatrix} + \begin{bmatrix} 11 \\ -5 \\ 0 \end{bmatrix}$　(c は任意定数)

問 3 $\left[\begin{array}{ccc|c} 1 & 0 & -3 & 0 \\ 0 & 1 & -2 & 0 \\ 0 & 0 & 0 & 1 \end{array}\right]$ 解なし.

問題 2.2

1. (1) $\begin{bmatrix} x \\ y \end{bmatrix} = c \begin{bmatrix} 2 \\ 1 \end{bmatrix} + \begin{bmatrix} 4 \\ 0 \end{bmatrix}$　(c は任意定数)

(2) $\begin{bmatrix} x \\ y \end{bmatrix} = c \begin{bmatrix} \frac{1}{2} \\ 1 \end{bmatrix} + \begin{bmatrix} -\frac{1}{2} \\ 0 \end{bmatrix}$　(c は任意定数)

2. (1) $\begin{bmatrix} x \\ y \\ z \end{bmatrix} = c \begin{bmatrix} 3 \\ -5 \\ 1 \end{bmatrix} + \begin{bmatrix} -2 \\ 7 \\ 0 \end{bmatrix}$ (c は任意定数)

(2) $\begin{bmatrix} x \\ y \\ z \end{bmatrix} = c \begin{bmatrix} -2 \\ 4 \\ 1 \end{bmatrix} + \begin{bmatrix} 5 \\ -3 \\ 0 \end{bmatrix}$ (c は任意定数)

(3) $\begin{bmatrix} x \\ y \\ z \end{bmatrix} = c_1 \begin{bmatrix} 3 \\ 1 \\ 0 \end{bmatrix} + c_2 \begin{bmatrix} -2 \\ 0 \\ 1 \end{bmatrix} + \begin{bmatrix} 4 \\ 0 \\ 0 \end{bmatrix}$ (c_1, c_2 は任意定数)

(4) $\begin{bmatrix} x \\ y \\ z \end{bmatrix} = c_1 \begin{bmatrix} 1 \\ -2 \\ 0 \end{bmatrix} + c_2 \begin{bmatrix} 0 \\ 3 \\ 1 \end{bmatrix} + \begin{bmatrix} 0 \\ 5 \\ 0 \end{bmatrix}$ (c_1, c_2 は任意定数)

3. (1) $\left[\begin{array}{ccc|c} 1 & 0 & -2 & 0 \\ 0 & 1 & 0 & 0 \\ 0 & 0 & 0 & 1 \end{array}\right]$ 解なし.　　(2) $\left[\begin{array}{ccc|c} 1 & 0 & -\frac{5}{3} & 0 \\ 0 & 1 & \frac{1}{3} & 0 \\ 0 & 0 & 0 & 1 \end{array}\right]$ 解なし.

4. (1) $\begin{bmatrix} x \\ y \\ z \\ w \end{bmatrix} = c_1 \begin{bmatrix} 1 \\ 1 \\ 0 \\ 0 \end{bmatrix} + c_2 \begin{bmatrix} -1 \\ 0 \\ 2 \\ 1 \end{bmatrix} + \begin{bmatrix} 5 \\ 0 \\ -3 \\ 0 \end{bmatrix}$ (c_1, c_2は任意定数)

(2) $\begin{bmatrix} x_1 \\ x_2 \\ x_3 \\ x_4 \\ x_5 \end{bmatrix} = c_1 \begin{bmatrix} 2 \\ 1 \\ 0 \\ 0 \\ 0 \end{bmatrix} + c_2 \begin{bmatrix} -1 \\ 0 \\ 1 \\ 0 \\ 0 \end{bmatrix} + c_3 \begin{bmatrix} 0 \\ 0 \\ 0 \\ 4 \\ 1 \end{bmatrix} + \begin{bmatrix} 1 \\ 0 \\ 0 \\ -2 \\ 0 \end{bmatrix}$

(c_1, c_2, c_3 は任意定数)

5.
- 鉛筆　4 本
- ボールペン　7 本
- サインペン　9 本

2.3 行列の階数と連立 1 次方程式の解

問 1 (1) $\begin{bmatrix} 1 & 0 & 1 \\ 0 & 1 & -1 \\ 0 & 0 & 0 \end{bmatrix}$ $\mathrm{rank}(A) = 2$

(2) $\begin{bmatrix} 1 & 0 & 0 & 9 \\ 0 & 1 & 0 & 2 \\ 0 & 0 & 1 & 0 \\ 0 & 0 & 0 & 0 \end{bmatrix}$ $\mathrm{rank}(B) = 3$

問 2 (1) $\left[\begin{array}{ccc|c} 1 & 0 & 2 & 0 \\ 0 & 1 & 0 & 1 \\ 0 & 0 & 0 & 0 \end{array}\right]$ 解あり.　(2) $\left[\begin{array}{cccc|c} 1 & 1 & 0 & -1 & 0 \\ 0 & 0 & 1 & 0 & 0 \\ 0 & 0 & 0 & 0 & 1 \end{array}\right]$ 解なし.

問題 2.3

1. (1) $\begin{bmatrix} 1 & 0 & 0 \\ 0 & 1 & 0 \\ 0 & 0 & 1 \end{bmatrix}$ $\mathrm{rank} = 3$

(2) $\begin{bmatrix} 1 & -3 & 0 & 2 \\ 0 & 0 & 1 & 1 \\ 0 & 0 & 0 & 0 \end{bmatrix}$ $\mathrm{rank} = 2$

(3) $\begin{bmatrix} 1 & 2 & 0 & -3 & 1 \\ 0 & 0 & 1 & 1 & -2 \\ 0 & 0 & 0 & 0 & 0 \\ 0 & 0 & 0 & 0 & 0 \end{bmatrix}$ $\mathrm{rank} = 2$

2. (1) $\left[\begin{array}{ccc|c} 1 & 0 & -2 & 0 \\ 0 & 1 & 1 & 0 \\ 0 & 0 & 0 & 1 \end{array}\right]$ 解なし.

(2) $\left[\begin{array}{cccc|c} 1 & 2 & 0 & -2 & 1 \\ 0 & 0 & 1 & 1 & -1 \\ 0 & 0 & 0 & 0 & 0 \end{array}\right]$ 解あり. 任意定数は 2 個.

3. $\left[\begin{array}{ccc|c} 1 & 0 & 2 & -2a \\ 0 & 1 & -1 & a \\ 0 & 0 & 0 & 2a^2-1 \end{array}\right]$ 解あり $\Longleftrightarrow 2a^2 - 1 = 0 \Longleftrightarrow a = \pm\dfrac{1}{\sqrt{2}}$

4. $\mathrm{rank}(A) = 1 \iff (x, y) = (1, 3)$. $\mathrm{rank}(A) = 2 \iff 2x - y + 1 = 0$ または $x + y - 4 = 0$ ただし，$(x, y) = (1, 3)$ を除く (図は省略). $\mathrm{rank}(B) = 1 \iff (x, y) = (0, 0), (1, 1), (-1, -1)$. $\mathrm{rank}(B) = 2 \iff y - x^3 = 0$ または $x - y = 0$ ただし，$(x, y) = (0, 0), (1, 1), (-1, -1)$ を除く (図は省略).

2.4 正則行列と逆行列の求め方

問 1 (1) $A = \begin{bmatrix} -5 & 4 & -2 \\ 1 & -1 & 1 \\ 3 & -2 & 1 \end{bmatrix}$　(2) B は逆行列をもたない.

問題 2.4

1. (1) $A^{-1} = \begin{bmatrix} 1 & -1 & -2 \\ -1 & 1 & 1 \\ 2 & -3 & -4 \end{bmatrix}$　(2) $B^{-1} = -\dfrac{1}{5}\begin{bmatrix} 2 & 3 & 4 \\ 1 & 9 & 7 \\ 3 & 7 & 6 \end{bmatrix}$

(3) C は逆行列をもたない.　(4) $D^{-1} = \begin{bmatrix} -4 & -5 & 0 & 5 \\ 4 & 5 & 0 & -4 \\ -4 & -5 & 1 & 5 \\ -1 & -1 & 0 & 1 \end{bmatrix}$

2. (1) 逆行列は $\begin{bmatrix} 1 & 2 & 6 \\ 2 & 5 & 13 \\ -1 & -2 & -5 \end{bmatrix}$，解は $\begin{cases} x = 21 \\ y = 44 \\ z = -17 \end{cases}$

(2) 逆行列は $\dfrac{1}{2}\begin{bmatrix} 10 & -4 & 2 \\ -1 & 1 & -1 \\ 5 & -1 & -1 \end{bmatrix}$，解は $\begin{cases} x = 9 \\ y = -\dfrac{3}{2} \\ z = \dfrac{7}{2} \end{cases}$

3. $a = \dfrac{1}{2}$ のとき A は逆行列をもたない.

$a \neq \dfrac{1}{2}$ のとき $A^{-1} = \begin{bmatrix} -1 & 1 & 0 \\ 5 & -3 & -1 \\ -\dfrac{3}{2a-1} & \dfrac{2}{2a-1} & \dfrac{1}{2a-1} \end{bmatrix}$

4. $(E - A)^{-1} = E + A + A^2 + \cdots + A^{m-1}$

$(E + A)^{-1} = E - A + A^2 - \cdots + (-1)^{m-1}A^{m-1}$

5. (1) A^{-1} の定義より従う．　(2) ${}^t(AA^{-1}) = {}^t(A^{-1}){}^tA$ より従う．
(3) $(AB)(B^{-1}A^{-1}) = E$ より従う．

3.1 順列とその符号

問 1 $n!$ 通り．

問 2 (1) 3　(2) 4

問 3 (1) sgn $= 1$　(2) sgn $= -1$　(3) sgn $= -1$

問 4 1 を前に出し，次に 2 を前に出す ⋯ という操作を続けると，6 回の互換で (1, 2, 3, 4, 5) となる．

問 5 (1) (2, 4, 1, 5, 3)　(2) (4, 6, 2, 1, 5, 3)　(3) (3, 1, 5, 2, 6, 4)

問題 3.1

1. (1) 転倒数 $= 3$, sgn $= -1$　(2) 転倒数 $= 8$, sgn $= 1$
(3) 転倒数 $= 9$, sgn $= -1$　(4) 転倒数 $= 17$, sgn $= -1$

2. (1) (2, 4, 1, 3, 5)　(2) (4, 1, 6, 3, 5, 2)　(3) (5, 2, 6, 4, 1, 3)

3. $\mathrm{sgn}(1,2,3) = 1$　$\mathrm{sgn}(1,3,2) = -1$　$\mathrm{sgn}(2,1,3) = -1$
$\mathrm{sgn}(2,3,1) = 1$　$\mathrm{sgn}(3,1,2) = 1$　$\mathrm{sgn}(3,2,1) = -1$

4. $4! = 24$ 通りの順列があり，sgn $= 1$ が 12 通り，sgn $= -1$ が 12 通りある．詳細は省略.

5. 転倒数は $1 + 2 + \cdots + (n-1) = \dfrac{n(n-1)}{2}$ であり，この偶奇性で符号が決まるので，次を得る．

$$\mathrm{sgn}(n, n-1, \cdots, 2, 1) = \begin{cases} 1 & (n = 4k,\ 4k+1) \\ -1 & (n = 4k+2,\ 4k+3) \end{cases}$$

6. k 回および ℓ 回で $(1, 2, \cdots, n)$ になったとすると，定理 3.1.3 より，$(-1)^k = (-1)^\ell$ である．したがって，$(-1)^{k-\ell} = 1$ より，k と ℓ の偶奇性は一致する．

7. $(8,5,4,9,1,3,2,7,6)$ を $(1,2,3,4,5,6,7,8,9)$ に戻すと考える．各数の転倒数の個数だけ横棒を下から左上に向かって引くとよい．この問題では，転倒数は 21 であり，横棒は全部で 21 本引くことになる．

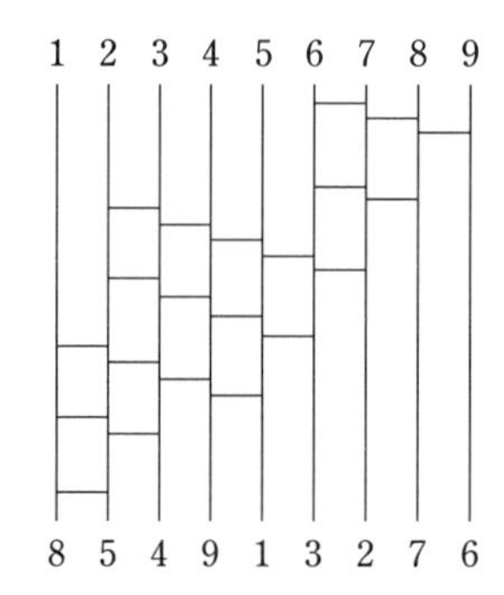

3.2　行列式の定義

問 1　(1) 31　(2) -7　(3) 55　(4) 0

問題 3.2

1.　(1) -14　(2) 6　(3) -2　(4) 0　(5) 11

2.　(1) 4　(2) -42　(3) 110　(4) 70　(5) 198

3.　$A=[\boldsymbol{a}_1,\boldsymbol{a}_2,\cdots,\boldsymbol{a}_n]$ とすると，定理 3.2.3 (1) を n 回繰り返し用いることにより，$|kA|=\det[k\boldsymbol{a}_1,k\boldsymbol{a}_2,\cdots,k\boldsymbol{a}_n]=k^n\det[\boldsymbol{a}_1,\boldsymbol{a}_2,\cdots,\boldsymbol{a}_n]=k^n|A|$ を得る.

4.　前問 3 を用いると，$|-A|=(-1)^n|A|$ より，結論を得る.

5.　405

6.　定理 3.2.4 を繰り返し用いることにより，

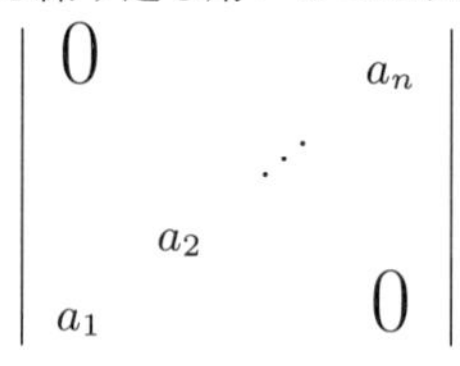

$$= (-1)^{n-1}(-1)^{n-2}\cdots(-1)\begin{vmatrix} a_1 & & & \text{\Large 0} \\ & a_2 & & \\ & & \ddots & \\ \text{\Large 0} & & & a_n \end{vmatrix}$$

$$= (-1)^{\frac{n(n-1)}{2}} a_1 a_2 \cdots a_n$$

ここで問題 3.1.5 の結果を用いると，次の結論を得る．

$$= \begin{cases} a_1 a_2 \cdots a_n & (n = 4k,\ 4k+1) \\ -a_1 a_2 \cdots a_n & (n = 4k+2,\ 4k+3) \end{cases}$$

7. 省略.

8. 省略.

3.3 行列式の性質

問 1 (1) 18　(2) -108　(3) -32

問 2 (1) $AB = \begin{bmatrix} 23 & -1 \\ 22 & 3 \end{bmatrix}$　(2) $|AB| = 91$　(3) $|A| = 7$　(4) $|B| = 13$

問題 3.3

1. (1) -43　(2) 7　(3) 167　(4) -165

2. $|AB| = |A||B| = |B||A| = |BA|$

3. $|{}^tAA| = |E| = 1$ と $|{}^tAA| = |{}^tA||A| = |A|^2$ より，$|A| = \pm 1$

4. $|A^{-1}A| = |E| = 1$ と $|A^{-1}A| = |A^{-1}||A|$ より，$|A^{-1}| = \dfrac{1}{|A|}$

5. $|AB| = |kE| = k^n$ と $|AB| = |A||B|$ より，$|A| = \dfrac{k^n}{|B|}$

6. $4a^2b^2c^2$

7. 省略.

8. 第 i 行と第 $i+n$ 行を入れ換えることによって示される.

9. $\begin{vmatrix} A & B \\ B & A \end{vmatrix} = \begin{vmatrix} A-B & B-A \\ B & A \end{vmatrix} = \begin{vmatrix} A-B & O \\ B & A+B \end{vmatrix} = |A-B||A+B|$

3.4 余因子行列

問 1 $|A_{11}| = 14,\quad |A_{12}| = 9,\quad |A_{13}| = -11,\quad |A_{21}| = 6,\quad |A_{22}| = 11,$
$|A_{23}| = -9,\quad |A_{31}| = -8,\quad |A_{32}| = -8,\quad |A_{33}| = 12$

問 2 20

問 3 $A\widetilde{A} = \begin{bmatrix} 20 & 0 & 0 \\ 0 & 20 & 0 \\ 0 & 0 & 20 \end{bmatrix}$

問題 3.4

1. (1) 55　(2) -32

2. (1) -7　(2) 12

3. (1) $\widetilde{a}_{11} = -20,\quad \widetilde{a}_{12} = 11,\quad \widetilde{a}_{13} = -5,\quad \widetilde{a}_{21} = -4,\quad \widetilde{a}_{22} = 4,\quad \widetilde{a}_{23} = -4,\quad \widetilde{a}_{31} = 12,\quad \widetilde{a}_{32} = -9,\quad \widetilde{a}_{33} = 3$

(2) $\widetilde{A} = \begin{bmatrix} -20 & -4 & 12 \\ 11 & 4 & -9 \\ -5 & -4 & 3 \end{bmatrix}$

(3) $|A| = -12$

(4) $A^{-1} = \dfrac{1}{12}\begin{bmatrix} 20 & 4 & -12 \\ -11 & -4 & 9 \\ 5 & 4 & -3 \end{bmatrix}$

(5) 省略.

4. $A\widetilde{A} = |A|E$ より，$|A||\widetilde{A}| = |A|^n$．$|A| \neq 0$ より，両辺を $|A|$ で割って，求める等式を得る.

5. 省略.

6. $A = \begin{bmatrix} 0 & a & b \\ -a & 0 & c \\ -b & -c & 0 \end{bmatrix}$ として，$\widetilde{A}$ が対称行列になることを示す.

7. $A = [a_{ij}]$ を対称行列とすると，$a_{ij} = a_{ji}$ より，${}^tA_{ij} = A_{ji}$．したがって，$|A_{ij}| = |{}^tA_{ij}| = |A_{ji}|$．すなわち，$\widetilde{a}_{ij} = (-1)^{i+j}|A_{ij}| = (-1)^{j+i}|A_{ji}| = \widetilde{a}_{ji}$ より，${}^t\widetilde{A} = \widetilde{A}$ を得る.

3.5　クラメルの公式と特殊な行列式

問 1　$|A| = 5, \quad |D_1| = 15, \quad |D_2| = 10, \quad |D_3| = 35$

問 2　(1) $|A| = 2, \begin{cases} x = \dfrac{1}{2} \\ y = 2 \end{cases}$　　(2) $|A| = -6, \begin{cases} x = -2 \\ y = \ \ 1 \\ z = \ \ 3 \end{cases}$

問 3　省略.

問 4　$x = \dfrac{5}{6}, -1$

問 5　$(x+3y)(x-y)^3$

問題 3.5

1.　(1) $|A| = 3, \begin{cases} x = -\dfrac{11}{3} \\ y = \ \ \dfrac{10}{3} \end{cases}$　　(2) $|A| = 10, \begin{cases} x = 6 \\ y = 4 \\ z = 1 \end{cases}$

2.　$|A| = -4, \begin{cases} x = -2 \\ y = \ \ 1 \\ z = \ \ 0 \\ w = -1 \end{cases}$

3.　(1) 16　　(2) 6000

4.　(1) $x = -5, \ \dfrac{1}{2}$　　(2) $x = 3, \ 5, \ -1$

5.　省略.

6.　(1) $3(a+b)(3a-b)^3$　　(2) $(x+3y+3)(x-y-1)^3$

4.1　ベクトルの演算と 3 重積

問 1　省略.

問 2　$\begin{bmatrix} 12 \\ -2 \\ -9 \end{bmatrix}, \quad \sqrt{229}$

問題 4.1

1. (1) $-2,\ \cos\theta = -\dfrac{1}{\sqrt{190}}$　　(2) $-3,\ \cos\theta = -\dfrac{3}{5\sqrt{35}}$

2. (1) $\begin{bmatrix} 2 \\ -4 \\ -7 \end{bmatrix},\ \sqrt{69}$　　(2) $\begin{bmatrix} -4 \\ -6 \\ -7 \end{bmatrix},\ \sqrt{101}$

3. (1) $\boldsymbol{a} \times \boldsymbol{b} = \begin{bmatrix} -23 \\ -10 \\ -8 \end{bmatrix}$ より，$\boldsymbol{c}$ との内積は -68．したがって，体積は 68.

(2) 行列 $[\boldsymbol{a}, \boldsymbol{b}, \boldsymbol{c}]$ の行列式は -68 より，体積は 68.

4. (1) $\boldsymbol{c} = \begin{bmatrix} x \\ y \\ z \end{bmatrix}$ とおき，$(\boldsymbol{a}, \boldsymbol{c}) = 0,\ (\boldsymbol{b},\ \boldsymbol{c}) = 0,\ |\boldsymbol{c}| = 1$ という連立方程式を解くと，$\boldsymbol{c} = \pm\dfrac{1}{5\sqrt{5}}\begin{bmatrix} 8 \\ -6 \\ -5 \end{bmatrix}$ を得る.

(2) $\boldsymbol{a} \times \boldsymbol{b} = \begin{bmatrix} 8 \\ -6 \\ -5 \end{bmatrix}$ より，このベクトルの大きさを 1 にして，符号 $\pm$ を付けると，求めるベクトル $\boldsymbol{c}$ を得る.

5. $\boldsymbol{c} = -\boldsymbol{a} - \boldsymbol{b}$ を $\boldsymbol{b} \times \boldsymbol{c}$ および $\boldsymbol{c} \times \boldsymbol{a}$ に代入し，外積の基本性質を用いる.

....

4.2　直線と平面の方程式

問 1　$\dfrac{x-3}{-3} = \dfrac{y}{-2} = \dfrac{z+1}{5}$

問 2　$5x + 4y + z - 7 = 0$

問 3　$\dfrac{1}{\sqrt{2}}$

問題 4.2

1. (1) $\dfrac{x-3}{-2} = \dfrac{y+2}{5} = \dfrac{z-5}{-7}$　　(2) $\dfrac{x-1}{-3} = y = \dfrac{z+3}{-1}$

(3) $\dfrac{x-4}{-6} = \dfrac{y-1}{2}, z = 5$　　(4) $x = 2, y = 3$

2. (1) $5x - 3y + 2z + 7 = 0$　　(2) $x + 3z - 3 = 0$
(3) $12x - 11y - 9z = 0$　　(4) $z = 4$

3. (1) $\dfrac{2}{3\sqrt{5}}$　　(2) $\dfrac{15}{\sqrt{29}}$　　(3) 7

4. 直線の方程式 $= k$ とおいて，x, y, z を k で表し，それを平面の方程式に代入して k を求めるとよい．
(1) $(26, -5, -13)$　　(2) $(9, 4, -6)$

5. (1) $\cos\theta = \dfrac{5}{2\sqrt{13}}$　　(2) $\cos\theta = \dfrac{1}{\sqrt{5}}$

6. 2 つの平面の法線ベクトルの外積から，直線の方向ベクトルが決まる．また，連立方程式から，直線が通る点を 1 つ求めるとよい．
(1) $\dfrac{x-1}{7} = \dfrac{y}{5} = z$　　(2) $\dfrac{x-1}{2} = -y = \dfrac{z+2}{3}$

....

5.1 ベクトル空間とベクトルの 1 次独立性

問 1　$0\boldsymbol{a} = (0+0)\boldsymbol{a} = 0\boldsymbol{a} + 0\boldsymbol{a}$ の両辺に $-0\boldsymbol{a}$ を加えると $\boldsymbol{0} = 0\boldsymbol{a}$ を得る．

問題 5.1

1. (1) 部分空間．原点を通る平面．　(2) 部分空間でない．原点を通らない平面．
(3) 部分空間．原点を通る直線．

2. (1) $2\boldsymbol{a} - 3\boldsymbol{b} + \boldsymbol{c} = \boldsymbol{0}$ より，1 次従属．　(2) 1 次独立．

3. $x = \dfrac{3}{2}$

4. (1) 正しくない．反例：$\boldsymbol{a} = \begin{bmatrix} 1 \\ 0 \end{bmatrix}$，$\boldsymbol{b} = \begin{bmatrix} 0 \\ 1 \end{bmatrix}$，$\boldsymbol{c} = \begin{bmatrix} 1 \\ 1 \end{bmatrix}$

(2) 正しい．$r\boldsymbol{a} + s(\boldsymbol{a}+\boldsymbol{b}) + t(\boldsymbol{a}+\boldsymbol{b}+\boldsymbol{c}) = \boldsymbol{0}$ とおく．これを $(r+s+t)\boldsymbol{a} + (s+t)\boldsymbol{b} + t\boldsymbol{c} = \boldsymbol{0}$ と変形する．このとき，仮定より $r+s+t = 0$, $s+t = 0$, $t = 0$. したがって，$r = s = t = 0$ より，$\{\boldsymbol{a}, \boldsymbol{a}+\boldsymbol{b}, \boldsymbol{a}+\boldsymbol{b}+\boldsymbol{c}\}$ は 1 次独立．

5. $\boldsymbol{0} \in W_1$ かつ $\boldsymbol{0} \in W_2$ より $\boldsymbol{0} \in W_1 \cap W_2$. $\boldsymbol{a}, \boldsymbol{b} \in W_1 \cap W_2$ に対して，$\boldsymbol{a}+\boldsymbol{b} \in W_1$ かつ $\boldsymbol{a}+\boldsymbol{b} \in W_2$ より，$\boldsymbol{a}+\boldsymbol{b} \in W_1 \cap W_2$. $\boldsymbol{a} \in W_1 \cap W_2$ と定数 c に対して，$c\boldsymbol{a} \in W_1$ かつ $c\boldsymbol{a} \in W_2$ より，$c\boldsymbol{a} \in W_1 \cap W_2$. したがって，$W_1 \cap W_2$ は部分空間である．

5.2　1次独立なベクトルと行列の階数

問 1　省略.

問題 5.2

1. (1) $\begin{cases} \{\boldsymbol{a}_1, \boldsymbol{a}_3\} \text{ が 1 次独立} \\ \boldsymbol{a}_2 = -2\boldsymbol{a}_1 \\ \boldsymbol{a}_4 = \boldsymbol{a}_1 + 2\boldsymbol{a}_3 \end{cases}$　(2) $\begin{cases} \{\boldsymbol{a}_1, \boldsymbol{a}_2, \boldsymbol{a}_4\} \text{ が 1 次独立} \\ \boldsymbol{a}_3 = 2\boldsymbol{a}_2 \\ \boldsymbol{a}_5 = 3\boldsymbol{a}_1 + 2\boldsymbol{a}_2 - \boldsymbol{a}_4 \end{cases}$

2. $\begin{cases} \{\boldsymbol{a}_1, \boldsymbol{a}_2\} \text{ が 1 次独立} \\ \boldsymbol{a}_3 = -\dfrac{1}{3}\boldsymbol{a}_1 + \dfrac{1}{3}\boldsymbol{a}_2 \\ \boldsymbol{a}_4 = \dfrac{2}{3}\boldsymbol{a}_1 + \dfrac{1}{3}\boldsymbol{a}_2 \end{cases}$

3. 簡約化すると $\begin{bmatrix} 1 & 3 & 0 & 12 \\ 0 & 0 & 1 & 5 \\ 0 & 0 & 0 & 5x-1 \end{bmatrix}$ より，$x = \dfrac{1}{5}$

4. 簡約化すると $\begin{bmatrix} 1 & 1 & -1 & y \\ 0 & x-2 & x-2 & 0 \\ 0 & 0 & 0 & 5x-2y \end{bmatrix}$

(1) $x = 2, y = 5$　(2) $x = 2, y \neq 5$ または $x \neq 2, y = \dfrac{5}{2}x$

5. 1次独立の定義に従って示す.

6. (1) $A = [\boldsymbol{a}_1, \boldsymbol{a}_2, \cdots, \boldsymbol{a}_m]$ とすると，$AB = [\boldsymbol{a}_1, \boldsymbol{a}_2, \cdots, \boldsymbol{a}_m]B$ より，AB の列ベクトルは $\boldsymbol{a}_1, \boldsymbol{a}_2, \cdots, \boldsymbol{a}_m$ の1次結合である．したがって，定理 5.2.3(1) より $\mathrm{rank}(AB) \leqq \mathrm{rank}(A)$ を得る．(2) B の行ベクトル表示を用いると同様に示される.

5.3　ベクトル空間の基底と次元

問 1　$W = \left\{ c\begin{bmatrix} 4 \\ 3 \\ 1 \end{bmatrix} \in R^3 \;\middle|\; c \text{ は任意定数} \right\}$

基底は W を生成する1つのベクトルであり，$\dim(W) = 1$

問題 5.3

1. (1) $W = \left\{ c \begin{bmatrix} 1 \\ -2 \end{bmatrix} \in R^2 \;\middle|\; c \text{ は任意定数} \right\}$,

基底は W を生成する 1 つのベクトルであり，$\dim(W) = 1$

(2) $W = \left\{ c_1 \begin{bmatrix} -1 \\ 1 \\ 0 \end{bmatrix} + c_2 \begin{bmatrix} 2 \\ 0 \\ 1 \end{bmatrix} \in R^3 \;\middle|\; c_1, c_2 \text{ は任意定数} \right\}$,

基底は W を生成する 2 つのベクトルであり，$\dim(W) = 2$

(3) $W = \left\{ c \begin{bmatrix} 0 \\ 2 \\ 1 \end{bmatrix} \in R^3 \;\middle|\; c \text{ は任意定数} \right\}$,

基底は W を生成する 1 つのベクトルであり，$\dim(W) = 1$

(4) $W = \left\{ c_1 \begin{bmatrix} 1 \\ 2 \\ 1 \\ 0 \end{bmatrix} + c_2 \begin{bmatrix} -3 \\ -1 \\ 0 \\ 1 \end{bmatrix} \in R^4 \;\middle|\; c_1, c_2 \text{ は任意定数} \right\}$,

基底は W を生成する 2 つのベクトルであり，$\dim(W) = 2$

2. (1) $f_1 = x^2 + x$, $f_2 = -x^2 + 1$ とする．このとき，$W = \{ c_1 f_1 + c_2 f_2 \in R[x]^2 \mid c_1, c_2$ は任意定数$\}$, 基底 ：$\{f_1, f_2\}$, 次元 ：$\dim(W) = 2$.

(2) $f_1 = x^3 - 2x^2 + x$, $f_2 = 2x^3 - 3x^2 + 1$ とする．このとき，$W = \{ c_1 f_1 + c_2 f_2 \in R[x]^3 \mid c_1, c_2$ は任意定数$\}$, 基底：$\{f_1, f_2\}$, 次元：$\dim(W) = 2$.

3. (1) $\{\boldsymbol{b}_1, \boldsymbol{b}_2, \boldsymbol{b}_3\}$ は 1 次独立であり，定理 5.3.4 より基底である．

(2) $\{\boldsymbol{b}_1, \boldsymbol{b}_2, \boldsymbol{b}_3\}$ は 1 次従属であり，基底ではない．

4. $\{\boldsymbol{b}_1, \boldsymbol{b}_2, \cdots, \boldsymbol{b}_n\}$ を V の基底とし，$\{\boldsymbol{a}_1, \boldsymbol{a}_2, \cdots, \boldsymbol{a}_r, \boldsymbol{b}_1, \boldsymbol{b}_2, \cdots, \boldsymbol{b}_n\}$ において，前から順番に 1 次独立なベクトルを n 個選べばよい．

5. $\dim(V) = n$ に注意して，定理 5.3.4 を使う．また，定理 5.1.2 にも注意.

6.1 線形写像と表現行列

問題 6.1

1. (1) $\begin{bmatrix} 4 & -3 \\ -3 & 2 \end{bmatrix}$ 　(2) $\dfrac{1}{5} \begin{bmatrix} -7 & -18 \\ 13 & 37 \end{bmatrix}$

2. (1) $\begin{bmatrix} 2 & 3 & 3 \\ 1 & 3 & 2 \\ -1 & -4 & -2 \end{bmatrix}$　(2) $\dfrac{1}{2}\begin{bmatrix} 3 & -1 & 0 \\ 5 & 3 & -2 \\ 1 & 1 & 0 \end{bmatrix}$

3. A を簡約化すると $\begin{bmatrix} 1 & -2 & 0 & 3 \\ 0 & 0 & 1 & -2 \\ 0 & 0 & 0 & 0 \end{bmatrix}$ となる.

したがって，$\boldsymbol{v}_1 = \begin{bmatrix} 2 \\ 1 \\ 0 \\ 0 \end{bmatrix}, \boldsymbol{v}_2 = \begin{bmatrix} -3 \\ 0 \\ 2 \\ 1 \end{bmatrix}$ とおくと，$\{\boldsymbol{v}_1, \boldsymbol{v}_2\}$ は $\mathrm{Ker}(f_A)$ の基底であり，$\dim(\mathrm{Ker}(f_A)) = 2$ である.

次に，$A = [\boldsymbol{a}_1, \boldsymbol{a}_2, \boldsymbol{a}_3, \boldsymbol{a}_4]$ と列ベクトル表示する．上記の簡約化より，$\boldsymbol{a}_2 = -2\boldsymbol{a}_1$，$\boldsymbol{a}_4 = 3\boldsymbol{a}_1 - 2\boldsymbol{a}_3$ を得る．$\boldsymbol{e}_1, \boldsymbol{e}_2, \boldsymbol{e}_3, \boldsymbol{e}_4$ を R^4 の標準基底とすると，$f(\boldsymbol{e}_1) = \boldsymbol{a}_1$，$f(\boldsymbol{e}_2) = \boldsymbol{a}_2$，$f(\boldsymbol{e}_3) = \boldsymbol{a}_3$，$f(\boldsymbol{e}_4) = \boldsymbol{a}_4$ であり，これらの 4 つのベクトルが $\mathrm{Im}(f_A)$ を生成する．したがって，その中の 1 次独立なベクトルである $\{\boldsymbol{a}_1, \boldsymbol{a}_3\}$ が $\mathrm{Im}(f_A)$ の基底であり，$\dim(\mathrm{Im}(f_A)) = 2$ である.

4. (1) $f(\mathbf{0}) = f(\mathbf{0}+\mathbf{0}) = f(\mathbf{0}) + f(\mathbf{0})$ より，$f(\mathbf{0}) = \mathbf{0}$ を得る.

(2), (3) については，5.1 節定理 5.1.1 の (i), (ii), (iii) を確認すればよい.

6.2 固有値と固有ベクトル

問題 6.2

1. (1) 固有値 $\lambda = 4, -6$. 図は省略 (それぞれ直線になる).

$$W(4; A) = \left\{ c \begin{bmatrix} 4 \\ 1 \end{bmatrix} \in R^2 \;\middle|\; c \text{ は任意定数} \right\}$$

$$W(-6; A) = \left\{ c \begin{bmatrix} -1 \\ 1 \end{bmatrix} \in R^2 \;\middle|\; c \text{ は任意定数} \right\}$$

(2) 固有値 $\lambda = 1, \dfrac{5}{2}$. 図は省略 (それぞれ直線になる).

$$W(1; A) = \left\{ c \begin{bmatrix} -1 \\ 1 \end{bmatrix} \in R^2 \;\middle|\; c \text{ は任意定数} \right\}$$

$$W\left(\frac{5}{2}; A\right) = \left\{ c \begin{bmatrix} 2 \\ 1 \end{bmatrix} \in R^2 \;\middle|\; c \text{ は任意定数} \right\}$$

(3) 固有値 $\lambda = 3,\ -1$.　図は省略 (それぞれ直線になる)

$$W(3; A) = \left\{ c\begin{bmatrix} 1 \\ 1 \end{bmatrix} \in R^2 \;\middle|\; c \text{ は任意定数} \right\}$$

$$W(-1; A) = \left\{ c\begin{bmatrix} 1 \\ 2 \end{bmatrix} \in R^2 \;\middle|\; c \text{ は任意定数} \right\}$$

(4) 固有値 $\lambda = -1$.　図は省略 (直線になる)

$$W(-1; A) = \left\{ c\begin{bmatrix} 1 \\ 1 \end{bmatrix} \in R^2 \;\middle|\; c \text{ は任意定数} \right\}$$

2.　(1) 固有値 $\lambda = 1,\ 3$. 図は省略 (平面と直線になる).

$$W(1; A) = \left\{ c_1\begin{bmatrix} -2 \\ 1 \\ 0 \end{bmatrix} + c_2\begin{bmatrix} 0 \\ 0 \\ 1 \end{bmatrix} \in R^3 \;\middle|\; c_1, c_2 \text{ は任意定数} \right\}$$

$$W(3; A) = \left\{ c\begin{bmatrix} 3 \\ -1 \\ 1 \end{bmatrix} \in R^3 \;\middle|\; c \text{ は任意定数} \right\}$$

(2) 固有値 $\lambda = 1,\ 2$. 図は省略 (それぞれ直線になる).

$$W(1; A) = \left\{ c\begin{bmatrix} -1 \\ 1 \\ 1 \end{bmatrix} \in R^3 \;\middle|\; c \text{ は任意定数} \right\}$$

$$W(2; A) = \left\{ c\begin{bmatrix} -2 \\ 1 \\ 3 \end{bmatrix} \in R^3 \;\middle|\; c \text{ は任意定数} \right\}$$

3.　(1) $A - 2E = \begin{bmatrix} -5 & -2 \\ 6 & 3 \end{bmatrix}$

(2) $16A + 16E = 32\begin{bmatrix} -1 & -1 \\ 3 & 3 \end{bmatrix}$

(3) $2A + E = \begin{bmatrix} -5 & -4 \\ 12 & 11 \end{bmatrix}$

4.　省略.

5.　省略.

6.　定理 3.2.1 より従う.

7. 固有値の定義より従う.

6.3 行列の対角化

問 1 $P = \begin{bmatrix} 1 & -1 \\ 1 & 1 \end{bmatrix}$ として, $P^{-1}AP = \begin{bmatrix} 4 & 0 \\ 0 & 2 \end{bmatrix}$

問題 6.3

1. (1) $P = \begin{bmatrix} 2 & -1 \\ 1 & 2 \end{bmatrix}$ として, $P^{-1}AP = \begin{bmatrix} 3 & 0 \\ 0 & -7 \end{bmatrix}$

(2) 対角化できない.

(3) $P = \begin{bmatrix} 5 & 2 \\ 2 & 1 \end{bmatrix}$ として, $P^{-1}AP = \begin{bmatrix} 2 & 0 \\ 0 & 3 \end{bmatrix}$

(4) $P = \begin{bmatrix} 2 & 1 \\ 1 & 1 \end{bmatrix}$ として, $P^{-1}AP = \begin{bmatrix} 4 & 0 \\ 0 & 1 \end{bmatrix}$

2. (1) $P = \begin{bmatrix} 1 & 1 & 1 \\ -2 & 0 & -1 \\ 0 & -2 & -2 \end{bmatrix}$ として, $P^{-1}AP = \begin{bmatrix} 1 & 0 & 0 \\ 0 & 1 & 0 \\ 0 & 0 & 3 \end{bmatrix}$

(2) 対角化できない (固有値は 1 と -1).

3. $A^n = \dfrac{1}{2}\begin{bmatrix} 1+(-3)^n & 1-(-3)^n \\ 1-(-3)^n & 1+(-3)^n \end{bmatrix}$

4. 「A の固有方程式 $|tE - A| = 0$ が $t = 0$ を解にもつ $\Longleftrightarrow$ $|A| = 0$」より, 「$|A| = 0 \Longleftrightarrow A$ が固有値 0 をもつ」が成り立つ. したがって, 「$|A| \neq 0 \Longleftrightarrow A$ が固有値 0 をもたない」が成り立つ.

5. $|tE - A| = t^2 - (a+d)t + ad - bc$ より, $t^2 - (a+d)t + ad - bc = 0$ が実数解をもつ条件を判別式で表すと, $\mathrm{tr}(A)^2 \geqq 4|A|$ が成り立つ.

6. 実際に固有多項式を計算して確認せよ.

7.1 内積

問 1 $\dfrac{4\sqrt{2}}{\sqrt{5}}$

問題 7.1

1. (1) -2　(2) $-\dfrac{94}{15}$

2. (1) $\sqrt{29}$　(2) $\dfrac{4}{\sqrt{15}}$　(3) $\sqrt{\dfrac{22}{5}}$

3. (1) $a = -1,\ 3$　(2) $b = \dfrac{3}{10}$

4. (1) $|\boldsymbol{a}+\boldsymbol{b}|^2+|\boldsymbol{a}-\boldsymbol{b}|^2 = (\boldsymbol{a}+\boldsymbol{b}, \boldsymbol{a}+\boldsymbol{b})+(\boldsymbol{a}-\boldsymbol{b}, \boldsymbol{a}-\boldsymbol{b}) = 2(\boldsymbol{a}, \boldsymbol{a})+2(\boldsymbol{b}, \boldsymbol{b}) = 2(|\boldsymbol{a}|^2 + |\boldsymbol{b}|^2)$

(2) $|\boldsymbol{a}+\boldsymbol{b}|^2 = (\boldsymbol{a}+\boldsymbol{b}, \boldsymbol{a}+\boldsymbol{b}) = |\boldsymbol{a}|^2 + 2(\boldsymbol{a}, \boldsymbol{b}) + |\boldsymbol{b}|^2$ より従う.

(3) $(\boldsymbol{a}+\boldsymbol{b}, \boldsymbol{a}-\boldsymbol{b}) = |\boldsymbol{a}|^2 - |\boldsymbol{b}|^2$ より従う.

5. (1) 直線 $\dfrac{x}{3} = -\dfrac{y}{5} = \dfrac{z}{6}$　(2) 平面 $2x - 3y + 4z = 0$

7.2 正規直交基底

問 1 $\{\boldsymbol{b}_1, \boldsymbol{b}_2\} = \left\{ \dfrac{1}{\sqrt{10}} \begin{bmatrix} 1 \\ 3 \end{bmatrix}, \dfrac{1}{\sqrt{10}} \begin{bmatrix} -3 \\ 1 \end{bmatrix} \right\}$

問 2 省略.

問題 7.2

1. (1) $\left\{ \begin{bmatrix} 1 \\ 0 \end{bmatrix}, \begin{bmatrix} 0 \\ 1 \end{bmatrix} \right\}$ 図は省略.

(2) $\left\{ \dfrac{1}{\sqrt{2}} \begin{bmatrix} 1 \\ 1 \end{bmatrix}, \dfrac{1}{\sqrt{2}} \begin{bmatrix} -1 \\ 1 \end{bmatrix} \right\}$ 図は省略.

(3) $\left\{ \dfrac{1}{\sqrt{2}} \begin{bmatrix} 1 \\ 1 \\ 0 \end{bmatrix}, \dfrac{1}{\sqrt{3}} \begin{bmatrix} -1 \\ 1 \\ 1 \end{bmatrix}, \dfrac{1}{\sqrt{6}} \begin{bmatrix} 1 \\ -1 \\ 2 \end{bmatrix} \right\}$

2.　(1) は平面上の回転行列．(2) は次のような回転行列の積となる．

$$P = \begin{bmatrix} 1 & 0 & 0 \\ 0 & \cos\theta & -\sin\theta \\ 0 & \sin\theta & \cos\theta \end{bmatrix} \begin{bmatrix} \cos\phi & -\sin\phi & 0 \\ \sin\phi & \cos\phi & 0 \\ 0 & 0 & 1 \end{bmatrix}$$

3.　(1) $a = \pm\dfrac{1}{\sqrt{2}},\ b = \pm\dfrac{1}{\sqrt{3}},\ c = \pm\dfrac{1}{\sqrt{6}}$

(2) $a = \pm\dfrac{1}{\sqrt{2}},\ b = \pm\dfrac{1}{\sqrt{6}},\ c = \pm\dfrac{1}{\sqrt{3}}$

4.　${}^t(PQ)(PQ) = ({}^tQ\,{}^tP)(PQ) = {}^tQ({}^tPP)Q = {}^tQQ = E$ より，PQ も直交行列．

5.　問題 3.3.3 に注意せよ．

7.3　対称行列の対角化

問 1　$P = \dfrac{1}{\sqrt{2}}\begin{bmatrix} 1 & -1 \\ 1 & 1 \end{bmatrix}$ とすると，${}^tPAP = \begin{bmatrix} 4 & 0 \\ 0 & -2 \end{bmatrix}$

問題 7.3

1.　(1) $P = \dfrac{1}{\sqrt{2}}\begin{bmatrix} 1 & -1 \\ 1 & 1 \end{bmatrix}$ とすると，${}^tPAP = \begin{bmatrix} 1 & 0 \\ 0 & -3 \end{bmatrix}$

(2) $P = \dfrac{1}{\sqrt{13}}\begin{bmatrix} 3 & -2 \\ 2 & 3 \end{bmatrix}$ とすると，${}^tPAP = \begin{bmatrix} 6 & 0 \\ 0 & -7 \end{bmatrix}$

(3) $P = \dfrac{1}{\sqrt{10}}\begin{bmatrix} 1 & -3 \\ 3 & 1 \end{bmatrix}$ とすると，${}^tPAP = \begin{bmatrix} 8 & 0 \\ 0 & -2 \end{bmatrix}$

(4) $P = \dfrac{1}{2}\begin{bmatrix} \sqrt{3} & -1 \\ 1 & \sqrt{3} \end{bmatrix}$ とすると，${}^tPAP = \begin{bmatrix} 5 & 0 \\ 0 & 1 \end{bmatrix}$

2.　(1) $P = \dfrac{1}{\sqrt{6}}\begin{bmatrix} \sqrt{2} & \sqrt{3} & -1 \\ \sqrt{2} & 0 & 2 \\ -\sqrt{2} & \sqrt{3} & 1 \end{bmatrix}$ とすると，${}^tPAP = \begin{bmatrix} 0 & 0 & 0 \\ 0 & 1 & 0 \\ 0 & 0 & 3 \end{bmatrix}$

(2) $P = \dfrac{1}{\sqrt{2}}\begin{bmatrix} 1 & 0 & -1 \\ 0 & \sqrt{2} & 0 \\ 1 & 0 & 1 \end{bmatrix}$ とすると，${}^tPAP = \begin{bmatrix} 1 & 0 & 0 \\ 0 & 1 & 0 \\ 0 & 0 & -1 \end{bmatrix}$

3. (必要性)A がある直交行列 P で対角化できたとすると ${}^tPAP = D$ (D は対角行列) である．両辺を転置すると ${}^tD = D$ より，${}^tP\,{}^tAP = D$ となる．したがって，${}^tP\,{}^tAP = {}^tPAP$ となり，${}^tA = A$ より A は対称行列である．(十分性) 定理 7.3.3 で証明済み.

4. 性質 ${}^t(AB) = {}^tB\,{}^tA$ を用いる.

5. 定理 7.3.3 より，${}^tP({}^tAA)P = {}^t(AP)(AP)$ が対角行列となる．AP を列ベクトル表示し，${}^t(AP)(AP)$ を求めると，固有値は各列ベクトルの大きさの 2 乗に等しくなることが示される.

8.1　2 次曲線 (1)

問 1　$\begin{bmatrix} x \\ y \end{bmatrix} = P\begin{bmatrix} X \\ Y \end{bmatrix}$ に，$\begin{bmatrix} X \\ Y \end{bmatrix} = \begin{bmatrix} 1 \\ 0 \end{bmatrix}$ および $\begin{bmatrix} 0 \\ 1 \end{bmatrix}$ を代入すると，$\begin{bmatrix} x \\ y \end{bmatrix} = \boldsymbol{e}_1$ および $\boldsymbol{e}_2$ となるため.

問 2　対称行列は $A = \begin{bmatrix} 4 & -3 \\ -3 & 4 \end{bmatrix}$，固有値は $\lambda = 1,\ 7$

座標変換する行列は $P = \dfrac{1}{\sqrt{2}}\begin{bmatrix} 1 & -1 \\ 1 & 1 \end{bmatrix}$

座標変換後の曲線は，楕円 $\dfrac{X^2}{7} + Y^2 = 1$

基底は，$\{\boldsymbol{e}_1, \boldsymbol{e}_2\} = \left\{ \dfrac{1}{\sqrt{2}}\begin{bmatrix} 1 \\ 1 \end{bmatrix},\ \dfrac{1}{\sqrt{2}}\begin{bmatrix} -1 \\ 1 \end{bmatrix} \right\}$，図は省略.

問題 8.1

1. (1) 対称行列は $A = \begin{bmatrix} 3 & 2 \\ 2 & 6 \end{bmatrix}$，固有値は $\lambda = 7,\ 2$

座標変換する行列は $P = \dfrac{1}{\sqrt{5}}\begin{bmatrix} 1 & -2 \\ 2 & 1 \end{bmatrix}$

座標変換後の曲線は，楕円 $\dfrac{X^2}{2} + \dfrac{Y^2}{7} = 1$

基底は，$\{\boldsymbol{e}_1, \boldsymbol{e}_2\} = \left\{ \dfrac{1}{\sqrt{5}}\begin{bmatrix} 1 \\ 2 \end{bmatrix},\ \dfrac{1}{\sqrt{5}}\begin{bmatrix} -2 \\ 1 \end{bmatrix} \right\}$，図は省略.

(2) 対称行列は $A = \begin{bmatrix} 5 & 1 \\ 1 & 5 \end{bmatrix}$，固有値は $\lambda = 6,\ 4$

座標変換する行列は $P = \dfrac{1}{\sqrt{2}} \begin{bmatrix} 1 & -1 \\ 1 & 1 \end{bmatrix}$

座標変換後の曲線は，楕円 $\dfrac{X^2}{2} + \dfrac{Y^2}{3} = 1$

基底は，$\{\boldsymbol{e}_1, \boldsymbol{e}_2\} = \left\{ \dfrac{1}{\sqrt{2}} \begin{bmatrix} 1 \\ 1 \end{bmatrix}, \dfrac{1}{\sqrt{2}} \begin{bmatrix} -1 \\ 1 \end{bmatrix} \right\}$，図は省略.

(3) 対称行列は $A = \begin{bmatrix} 3 & -2 \\ -2 & 3 \end{bmatrix}$，固有値は $\lambda = 1,\ 5$

座標変換する行列は $P = \dfrac{1}{\sqrt{2}} \begin{bmatrix} 1 & -1 \\ 1 & 1 \end{bmatrix}$

座標変換後の曲線は，楕円 $\dfrac{X^2}{5} + Y^2 = 1$

基底は，$\{\boldsymbol{e}_1, \boldsymbol{e}_2\} = \left\{ \dfrac{1}{\sqrt{2}} \begin{bmatrix} 1 \\ 1 \end{bmatrix}, \dfrac{1}{\sqrt{2}} \begin{bmatrix} -1 \\ 1 \end{bmatrix} \right\}$，図は省略.

(4) 対称行列は $A = \begin{bmatrix} 3 & 1 \\ 1 & 3 \end{bmatrix}$，固有値は $\lambda = 4,\ 2$

座標変換する行列は $P = \dfrac{1}{\sqrt{2}} \begin{bmatrix} 1 & -1 \\ 1 & 1 \end{bmatrix}$

座標変換後の曲線は，楕円 $\dfrac{X^2}{2} + \dfrac{Y^2}{4} = 1$

基底は，$\{\boldsymbol{e}_1, \boldsymbol{e}_2\} = \left\{ \dfrac{1}{\sqrt{2}} \begin{bmatrix} 1 \\ 1 \end{bmatrix}, \dfrac{1}{\sqrt{2}} \begin{bmatrix} -1 \\ 1 \end{bmatrix} \right\}$，図は省略.

2. (1) 前問 (1) の楕円 $3x^2 + 4xy + 6y^2 - 14 = 0$ を x 軸方向に -2，y 軸方向に 1 平行移動した曲線.

(2) 前問 (2) の楕円 $5x^2 + 2xy + 5y^2 - 12 = 0$ を x 軸方向に 1，y 軸方向に 2 平行移動した曲線.

(3) 前問 (3) の楕円 $3x^2 - 4xy + 3y^2 - 5 = 0$ を y 軸方向に -3 平行移動した曲線.

(4) 前問 (4) の楕円 $3x^2 + 2xy + 3y^2 - 8 = 0$ を x 軸方向に $\sqrt{3}$ 平行移動した曲線.

8.2　2次曲線 (2)

問 1　省略.

問題 8.2

1. (1) 対称行列は $A = \begin{bmatrix} 1 & 4 \\ 4 & -5 \end{bmatrix}$, 固有値は $\lambda = 3,\ -7$

座標変換する行列は $P = \dfrac{1}{\sqrt{5}} \begin{bmatrix} 2 & -1 \\ 1 & 2 \end{bmatrix}$

座標変換後の曲線は, 双曲線 $\dfrac{X^2}{7} - \dfrac{Y^2}{3} = 1$

基底は, $\{\boldsymbol{e}_1, \boldsymbol{e}_2\} = \left\{ \dfrac{1}{\sqrt{5}} \begin{bmatrix} 2 \\ 1 \end{bmatrix}, \dfrac{1}{\sqrt{5}} \begin{bmatrix} -1 \\ 2 \end{bmatrix} \right\}$, 図は省略.

(2) 対称行列は $A = \begin{bmatrix} 1 & 2 \\ 2 & -2 \end{bmatrix}$, 固有値は $\lambda = 2,\ -3$

座標変換する行列は $P = \dfrac{1}{\sqrt{5}} \begin{bmatrix} 2 & -1 \\ 1 & 2 \end{bmatrix}$

座標変換後の曲線は, 双曲線 $\dfrac{X^2}{2} - \dfrac{3Y^2}{4} = 1$

基底は, $\{\boldsymbol{e}_1, \boldsymbol{e}_2\} = \left\{ \dfrac{1}{\sqrt{5}} \begin{bmatrix} 2 \\ 1 \end{bmatrix}, \dfrac{1}{\sqrt{5}} \begin{bmatrix} -1 \\ 2 \end{bmatrix} \right\}$, 図は省略.

(3) 対称行列は $A = \begin{bmatrix} 1 & \sqrt{3} \\ \sqrt{3} & -1 \end{bmatrix}$, 固有値は $\lambda = 2,\ -2$

座標変換する行列は $P = \dfrac{1}{2} \begin{bmatrix} \sqrt{3} & -1 \\ 1 & \sqrt{3} \end{bmatrix}$

座標変換後の曲線は, 双曲線 $X^2 - Y^2 = 1$

基底は, $\{\boldsymbol{e}_1, \boldsymbol{e}_2\} = \left\{ \dfrac{1}{2} \begin{bmatrix} \sqrt{3} \\ 1 \end{bmatrix}, \dfrac{1}{2} \begin{bmatrix} -1 \\ \sqrt{3} \end{bmatrix} \right\}$, 図は省略.

2. (1) 対称行列は $A = \begin{bmatrix} 1 & 2 \\ 2 & 4 \end{bmatrix}$, 固有値は $\lambda = 5,\ 0$

座標変換する行列は $P = \dfrac{1}{\sqrt{5}} \begin{bmatrix} 1 & -2 \\ 2 & 1 \end{bmatrix}$

座標変換後の曲線は，放物線 $Y=\sqrt{5}X^2$

基底は，$\{\boldsymbol{e}_1, \boldsymbol{e}_2\} = \left\{ \frac{1}{\sqrt{5}} \begin{bmatrix} 1 \\ 2 \end{bmatrix}, \frac{1}{\sqrt{5}} \begin{bmatrix} -2 \\ 1 \end{bmatrix} \right\}$，図は省略.

(2) 対称行列は $A = \begin{bmatrix} 1 & -2 \\ -2 & 4 \end{bmatrix}$，固有値は $\lambda = 0,\ 5$

座標変換する行列は $P = \frac{1}{\sqrt{5}} \begin{bmatrix} 2 & -1 \\ 1 & 2 \end{bmatrix}$

座標変換後の曲線は，放物線 $X = -\sqrt{5}Y^2$

基底は，$\{\boldsymbol{e}_1, \boldsymbol{e}_2\} = \left\{ \frac{1}{\sqrt{5}} \begin{bmatrix} 2 \\ 1 \end{bmatrix}, \frac{1}{\sqrt{5}} \begin{bmatrix} -1 \\ 2 \end{bmatrix} \right\}$，図は省略.

(3) 対称行列は $A = \begin{bmatrix} 4 & -6 \\ -6 & 9 \end{bmatrix}$，固有値は $\lambda = 0,\ 13$

座標変換する行列は $P = \frac{1}{\sqrt{13}} \begin{bmatrix} 3 & -2 \\ 2 & 3 \end{bmatrix}$

座標変換後の曲線は，放物線 $X = -\sqrt{13}Y^2$

基底は，$\{\boldsymbol{e}_1, \boldsymbol{e}_2\} = \left\{ \frac{1}{\sqrt{13}} \begin{bmatrix} 3 \\ 2 \end{bmatrix}, \frac{1}{\sqrt{13}} \begin{bmatrix} -2 \\ 3 \end{bmatrix} \right\}$ 図は省略.

9.1　複素数と四元数

問 1　省略.

問 2　(1) $1+i$　(2) $-\sqrt{3}-i$

問 3　省略.

問 4　(1) $x = 1, \frac{-1 \pm \sqrt{3}i}{2}$　(2) $x = \pm 1, \pm i$

問 5　x 軸：$\begin{bmatrix} 1 & 0 & 0 \\ 0 & \cos\theta & -\sin\theta \\ 0 & \sin\theta & \cos\theta \end{bmatrix}$，$y$ 軸：$\begin{bmatrix} \cos\theta & 0 & \sin\theta \\ 0 & 1 & 0 \\ -\sin\theta & 0 & \cos\theta \end{bmatrix}$

問 6　$\begin{bmatrix} 1 \\ -1 \\ 1 \end{bmatrix}$

問 7　$q_1q_2 = -1 + 2i - 2k,\ q_2q_1 = -1 - 2i + 2k$

問 8　省略.

問題 9.1

1.　$x^5 - 1 = (x-1)(x^4 + x^3 + x^2 + x^{+}1)$ より，$x^4 + x^3 + x^2 + x + 1 = 0$ の両辺を x で割り，$x^2 + x + 1 + \dfrac{1}{x} + \dfrac{1}{x^2} = 0$ を得る．したがって，$t = x + \dfrac{1}{x}$ とおくと，$t^2 + t - 1 = 0$ を得る．これを解き，さらに x を求めると，$x = 1$ 以外に，以下の解を得る．

$$x = \frac{-1 \pm \sqrt{5} + i\sqrt{10 \pm 2\sqrt{5}}}{4} \text{ (複号同順)}$$

$$x = \frac{-1 \pm \sqrt{5} - i\sqrt{10 \pm 2\sqrt{5}}}{4} \text{ (複号同順)}$$

2.　$\sin\dfrac{2\pi}{5} = \dfrac{\sqrt{10 + 2\sqrt{5}}}{4},\ \cos\dfrac{6\pi}{5} = \dfrac{-1 - \sqrt{5}}{4}$

3.　$(x - (2 + 3\sqrt{5}i))(x - (2 - 3\sqrt{5}i)) = x^2 - 4x + 49$ より，
与式は，$(x^2 - 2)(x^2 - 4x + 49) = 0$ と因数分解される．
したがって，$x = \pm\sqrt{2},\ x = 2 \pm 3\sqrt{5}i$ を得る．

4.　省略.

5.　$\begin{bmatrix} -1 \\ 2 \\ -1 \end{bmatrix}$

6.　$\begin{bmatrix} \dfrac{1 + \sqrt{3}}{2} \\ -2 \\ \dfrac{1 - \sqrt{3}}{2} \end{bmatrix}$

7.　(1) 省略.　(2) $x_0 = \cos\theta,\ \sqrt{{x_1}^2 + {x_2}^2 + {x_3}^2} = \sin\theta$,
$p_\ell = \dfrac{x_\ell}{\sqrt{{x_1}^2 + {x_2}^2 + {x_3}^2}}$ $(\ell = 1, 2, 3)$ とおけばよい.

9.2 ジョルダンの標準形

問 1 省略.

問 2 $P = \begin{bmatrix} 1 & 1 \\ 1 & 2 \end{bmatrix}$ として，$P^{-1}AP = \begin{bmatrix} 3 & 1 \\ 0 & 3 \end{bmatrix}$

問 3 $A^n = \begin{bmatrix} 3^n - n3^{n-1} & n3^{n-1} \\ -n3^{n-1} & 3^n + n3^{n-1} \end{bmatrix}$

問題 9.2

1. (1) $P = \begin{bmatrix} 2 & -1 \\ -1 & 0 \end{bmatrix}$ として，$P^{-1}AP = \begin{bmatrix} 1 & 1 \\ 0 & 1 \end{bmatrix}$

$A^n = \begin{bmatrix} -2n+1 & -4n \\ n & 2n+1 \end{bmatrix}$

(2) $P = \begin{bmatrix} 1 & 1 \\ -3 & -4 \end{bmatrix}$ として，$P^{-1}AP = \begin{bmatrix} -3 & 1 \\ 0 & -3 \end{bmatrix}$

$A^n = \begin{bmatrix} (n+1)(-3)^n & -n(-3)^{n-1} \\ n(-3)^{n+1} & (-n+1)(-3)^n \end{bmatrix}$

2. (1) $P = \begin{bmatrix} 1 & 1 & 0 \\ 0 & 1 & 1 \\ -2 & -1 & 0 \end{bmatrix}$ として，$P^{-1}AP = \begin{bmatrix} 1 & 0 & 0 \\ 0 & 3 & 1 \\ 0 & 0 & 3 \end{bmatrix}$

(2) $P = \begin{bmatrix} 1 & 1 & 0 \\ 0 & 1 & 1 \\ -1 & 0 & 2 \end{bmatrix}$ として，$P^{-1}AP = \begin{bmatrix} 1 & 0 & 0 \\ 0 & -2 & 1 \\ 0 & 0 & -2 \end{bmatrix}$

索　引

◇あ　行◇

◇か　行◇

◇さ　行◇

著者紹介

森元勘治 (もりもとかんじ)

1982 年　神戸大学理学部数学科卒業
1987 年　神戸大学大学院自然科学研究科修了，学術博士
1987 年　拓殖大学工学部専任講師
1992 年　拓殖大学工学部助教授
2001 年　甲南大学理工学部教授
2008 年　甲南大学知能情報学部教授
現　在　同上

主要著書

結び目理論 (共著，シュプリンガー・フェアラーク東京，1990)
3 次元多様体入門 (単著，培風館，1996)
基礎微分積分 (共著,学術図書出版社,2016)

松本茂樹 (まつもとしげき)

1977 年　京都大学理学部卒業
1983 年　京都大学大学院理学研究科修了，理学博士
1986 年　甲南大学理学部専任講師
1989 年　甲南大学理学部助教授
2000 年　甲南大学理学部教授
2001 年　甲南大学理工学部教授
2008 年　甲南大学知能情報学部教授
現　在　甲南大学知能情報学部名誉教授

主要著書

解析学 (単著，科学技術出版，2000)
Mathematica — その無限の可能性・基礎編および応用編 (共著，実教出版，2001)
基礎微分積分 (共著,学術図書出版社,2016)

基礎(きそ) 線形代数(せんけいだいすう)

2010 年 11 月 10 日　第 1 版　第 1 刷　発行
2023 年 2 月 25 日　第 1 版　第 13 刷　発行

著　者　森 元 勘 治
　　　　松 本 茂 樹
発 行 者　発 田 和 子
発 行 所　株式会社 学術図書出版社

〒113-0033　東京都文京区本郷 5 丁目 4 の 6
TEL 03-3811-0889　振替　00110-4-28454
印刷　三松堂印刷 (株)

定価はカバーに表示してあります．

ISBN978-4-7806-1065-9　C3041